Pater Dr. Johannes Pausch
Mag. Jörg Schauberger
Dr. Joan Davis
Marco Bischof
Dr. Michael Ehrenberger

Mythos Wasser

1. Auflage 2004
Verlag KI-Esoterik Geiger & Mirtitsch OEG
A-9500 Villach, Postgasse 8, www.ki-esoterik.at
Titelbild, Satz: Klaus Mirtitsch
Druck & Bindung: Kreiner Druck
Gedruckt in Österreich

ISBN: 3-902193-06-9

Inhaltsverzeichnis

Vortrag Paracelsus Akademie Villach
Eröffnung Donnerstag, 22. Mai 2003

Vizebürgermeister Richard Pfeiler

Eröffnung des 6. Symposiums der Paracelsus Akademie Villach

Sehr geehrte Damen und Herren, geschätzte Referentinnen und Referenten des 6. Symposiums der Paracelsus Akademie Villach, liebe Kolleginnen und Kollegen aus der Villacher Politik! Ich möchte Sie in der Kultur- und Kongressstadt Villach zum diesjährigen 6. Symposium der Paracelsus Akademie Villach herzlich willkommen heißen.

Ich freue mich, mit Ihnen gemeinsam dieses Symposium als gastgebende Stadt im Namen unseres Bürgermeisters Helmut Manzenreiter eröffnen zu dürfen.

Die Paracelsus Akademie Villach ist seit ihrer Gründung 1997 zu einem festen Bestandteil des kulturellen Lebens der Stadt Villach geworden. Sowie auch Paracelsus, der viele Jahre seines Lebens in Villach verbrachte nicht immer unumstritten war, waren auch die Inhalte der Paracelsus Akademie Villach nicht immer unumstritten.

Die Themenstellungen und Schwerpunkte der Paracelsus Akademie bewegen sich durchaus im Sinne des Paracelsus zum Teil in ungesicherten wissenschaftlichen Territorien.

Den Mut zur Provokation, das Wagnis einzugehen, nicht immer über wissenschaftlich gesichertes Wissen zu diskutieren, ist ein wesentliches Anliegen der Paracelsus Akademie, aber auch eines, das mir als neuer Kulturreferent der Stadt

Villach am Herzen liegt. „Mythos Wasser" ist das Thema des diesjährigen Symposiums. Ein Thema, das auch für die Stadt Villach seit Jahren von außerordentlicher Wichtigkeit ist.

So ist es uns erst kürzlich gelungen, gemeinsam mit den Gemeinden Arnoldstein, Nötsch und Bleiberg sowie dem Land Kärnten, aus unserem Hausberg, dem Dobratsch, Kärntens ersten Naturpark zu machen.

Dies ist ein Jahrhundertschritt für unsere Stadt und unsere Region, nicht nur in Bezug auf eine dezidiert sanfte touristische Entwicklung, sondern auch zum Schutz unseres Wassers, das zum größten Teil aus dem Dobratsch kommend unsere Stadt mit hochwertigem Trinkwasser versorgt. Das Dobratsch-Wasser ist unbestritten an der hohen Lebensqualität der Stadt Villach beteiligt.

Nach Paracelsus ist Wasser für alles Lebendige von absoluter Notwendigkeit. Auch für die unmittelbare und tägliche Lebensweise der Menschen unserer Stadt. Wasser - so sagt man - ist der Urgrund des Lebens. Es ist ein geheimnisvolles und in seiner Wirkungsweise immer noch weitgehend unerforschtes Element.

„Natürlich wissen wir viel über das Wasser", schreibt der Philosoph Hartmut Böhme in der Einleitung seines Buches zur „Kulturgeschichte des Wassers".

Natürlich ist ihm Recht gegeben, wenn man, wie er, die Errungenschaften moderner Wissenschaft und Technik dazu aufzählt: Hydrotechnik, Hydrologie, Flussregulierungen, Dammbau, Bewässerungsanlagen, Trinkwasserverteilung, um nur einige zu nennen.

Hier breitet sich eine Fülle von Wissensgebieten aus, die Basiswissen über den Elementarstoff Wasser vermitteln.

Aber ist das alles? Ist Wasser einfach ein Stoff, bestehend aus H_20, wie Schüler es in der Schule lernen?

Mit der Auskunft, dass wir viel über Wasser wissen, ist zumindest die Wissenschaft beruhigt, nicht aber unsere Fragen nach dem, was Wasser wirklich für uns bedeutet, was Wasser für unser zukünftiges Leben bedeuten wird.

Sehr geehrte Damen und Herren, das 6. Symposium der Paracelsus Akademie Villach beschäftigt sich in aktueller Weise genau mit jenen noch unbekannten Gestalten des Lebenselementes Wasser. Die Vorträge und Diskussionen dienen dem Versuch der Annäherung, der Grenzüberschreitung. Es werden uns Einblicke in neue Forschungsergebnisse ermöglicht und für jeden von uns wird auch die Möglichkeit geboten, sich dem Leben selbst, so wie es sich durch das Wasser symbolisiert, anzunähern. Ein außerordentlich spannender Prozess, den Rainer Maria Rilke in einer schönen Metapher so anschaulich machte:

> Wasser verbindet, was abgetrennt
> drängt ins verständige Sein,
> mischen in alles ein Element
> flüssigen Himmels hinein.

Ich darf an dieser Stelle allen Referentinnen und Referenten, die nach Villach gekommen sind, herzlich für Ihre Bereitschaft danken, uns Ihr Wissen und Ihre Kenntnisse weiterzugeben. In diesem Sinne freue ich mich auf die kommenden Diskussionstage und erkläre die Paracelsus Akademie Villach 2003 für eröffnet.

Vortrag Paracelsus Akademie Villach
Eröffnung Donnerstag, 22. Mai 2003

Pater Dr. Johannes Pausch

Heilige Quellen – Wasser fürs Leben. Gedanken und Erfahrungen zur Spiritualität des Wassers.

Meine sehr verehrten Damen und Herren! Liebe Kolleginnen und Kollegen, die hier referieren! Verehrte Vertreter der Stadt und Freunde von Paracelsus. Ich soll den Anfang machen und im Anfang, das ist Thema dieser Tagung, „im Anfang schwebt der Geist Gottes über dem Wasser" und wenn man das hebräische genau kennt, dann weiß man, dass es nicht nur heißt, über, sondern im, um und durch das Wasser. Wasser ist also immer beseelt und begeistert. Immer! Und da beginnt das Leben. Und wenn Mythos Leben ist, und Spiritualität Leben ist, dann haben wir heute die ganze Bandbreite der Fülle von Erfahrung, Lebenserfahrung, vor uns. Ich werde wahrscheinlich nicht viele neue Dinge sagen. Vielleicht nur ganz alte Dinge, vielleicht nicht einmal Dinge, die im sogenannten aufgeklärten Zeitalter jetzt für die nächsten zweihundert Jahre gelten, sondern das, was Menschen seit tausenden von Jahren als Wahrheit erkennen. Wasser ist ein Mittel, ein wahrhaftiges Lebensmittel, von dem man sagen kann, es ist ohne schädliche Nebenwirkung. Aber es ist die Frage, was „begeistertes" Wasser ist, was „begeisterte" Materie ist oder was ein begeisterter Mensch ist. Und natürlich frage ich mich, wie ich selber zu einem begeisterten Menschen werde, damit ich nicht geistlos bin, sondern geistvoll lebe, lebendig bin.

Lassen Sie mich ein bisschen Belletristik machen und aus meiner eigenen Lebensgeschichte erzählen: Als ich mich vor vierunddreißig Jahren entschlossen habe, Mönch zu werden, da stand der Kirchenwirt von Parkstein, wo ich geboren wurde, Kopf. Meine Familie war entzetzt darüber, vor allem mein Großvater, dass ich ins Kloster gehe, weil sie gesagt haben, „ein g'scheiter Pfarrer wirst du nie". Sie haben alle Mittel aufgewendet, um mich davon abzubringen. Sie haben es nicht geschafft, denn wenn man jung und begeistert und manchmal ein bisschen dumm ist, lässt man sich von Vätern und Großvätern einfach nicht drein reden. Aber mein Großvater hat das letzte Geschütz aufgefahren und hat mich an einem Sonntag Vormittag in den Erker unseres Kirchenhauswirtes gezogen, als gerade der Gottesdienst aus war und die Leute aus der Kirche strömten. Und dann hat er gesagt: „Bub schau dir mal an, wie saugrantig die Leut' ausschauen, wenn sie aus der Kirche raus kommen. Und dann schau einmal, wie lustig die schauen, wenn sie bei uns aus dem Wirtshaus rausgehen und dann entscheide dich, bei welcher Firma du arbeiten willst." Warum erzähl ich Ihnen diese Geschichte? Weil es mir darum geht, dass der Geist Gottes über den Wassern und über der Materie ist und Geist zeigt sich, durch Begeisterung, durch Freude, durch Trauer, durch Schmerz, durch Gefühl, durch Hoffnung. Er lässt sich nicht messen, mit unseren herkömmlichen Mitteln, und deshalb und das ist eine meiner großen Thesen, die ich hier am Anfang aufstellen möchte, und deshalb warne ich davor, das Wasser allein mit den Mitteln der Naturwissenschaften messen zu wollen. Es ist so, als ob wir an das Medium Wasser mit größter Vorsicht und Sensibilität gehen müssen und vielleicht ein ganz anderes Instrumentarium brauchen, um ein Gespür für Wasser zu bekommen. Wir müssen sensibel werden. Das hat auch mit Sensus zu tun und mit Geist und Gespür und Gefühl, denn dann kommen wir am besten an jenen Anfang, von dem es in der Bibel, im Gilgameschepos und in allen großen heiligen Schriften heißt, dass dieser Geist Gottes in und um das Wasser schwebt. Und dann, wenn das geschieht, wenn diese Beziehung hergestellt ist, zwischen Geist und Wasser, wenn dieses Geist-Wasser durchdrungen wird, entwickelt sich das, was wir Seele nennen können, was wir Beziehung und was wir Leben nennen.

Setzen Sie sich nur einmal an einen Bach. Da können Sie natürlich mit einem Seismographen messen, wie viel Bewegung dieser Bach auslöst, und Sie können auch noch messen, wie viel m^3 Wasser pro Sekunde oder Minuten oder Stunden da herunterfließen, das wirklich Entscheidende aber ist doch, dass Sie dort sitzen, hören, wahrnehmen, berührt und bewegt werden und einer ganz neuen Qualität von Erfahrung ausgesetzt sind, von der wir sagen können, das ist etwas, was uns begeistert, was uns Leben bringt. Wenn Sie das schon nicht mehr können, dann nehmen Sie heut den Kärntner Wasserkrug mit diesem Kärntner Wasser und nehmen Sie einen Schluck davon, wenn Sie Durst haben. Wenn Sie keinen Durst haben, wird es ihnen nicht so schmecken, denn das gehört auch zum Leben, dass ich Durst habe. Das gehört auch zur Erfahrung des Mythos Wassers. Denn wir wissen, wonach ich mich nicht mehr sehne, das ist mir unbekannt, das ist mir nicht vertraut. Ich brauche also, um einen Mythos, um ein Geheimnis zu erfahren, auch das, was ich innere Sehnsucht nenne und ich brauche Gespür für Wasser. Es ist ja nicht nur nass. Es ist nicht nur wohlschmeckend oder schal, es ist heiliges Wasser. Ich bin einmal mit einem alten Bruder, einem ganz sensiblen, spazieren gegangen, über den Bayerwaldberg und weil er ein begnadeter Rutengeher war, hat man sowieso gesagt, mit rechten Dingen geht es bei ihm nicht zu. Aber er war ein ganz sensibler Mann. Dann sind wir zu einen Bauernhof gekommen. Er hat gesagt: „Da kehr'n wir jetzt zu, da kriegen wir sicher eine Jausn, die freun sich recht." Dann sind wir also rein in die Stuben und er langt nach dem Weihbrunnen, greift hinein und zieht die Hand wieder raus und sagt: „Das ist kein Weihwasser!" Und die Leute stehen alle ganz blass da und sagen: „Um Gottes Willen, der hat den siebten Sinn, er spürt sogar, dass dies kein Weihwasser ist - es ist tatsächlich kein Weihwasser." Dann haben wir natürlich eine große Jause gekriegt, nach diesem Sündenfall. Wie wir nach Hause gegangen sind, hat mir das keine Ruhe gelassen und ich hab ihn gefragt: „Bernward, bitte, hast du den siebten Sinn oder nicht?" Hat er gesagt: „An Schmarrn hab ich." Worauf ich gefragt habe: „Wie hast du gemerkt, dass das kein Weihwasser ist?" Darauf hat er geantwortet: „Das war eiskalt, das haben sie grad vom Brunnen geholt." Ich war verwundert: „Dann hast du keinen siebten Sinn?" Darauf er: „Wenn du so willst nicht, aber ich hab ein Gespür und ich nehme wahr und ich schau und ich fühle." Wenn Sie mit Wasser umgehen wollen, wenn Sie den Mythos Wasser erkennen wollen, das Geheimnis des Wassers ausloten wollen, dann müssen Sie spüren. Mit Händen, Augen, Ohren, mit ihrer Zunge, mit ihrer Nase. Sie müssen sensibel werden, den Geruch von Salzwasser erkennen und den Geruch von Süßwasser. Dann merken Sie auch schon allein, wie Sie dem Wasser gegenüber sind, was das Wasser für eine Qualität und was es für ein Geheimnis hat. Dann werden Sie Freude daran erleben, denn Sie werden entdecken, dass jeder Mensch in sich eine Sehnsucht nach einer Quelle hat – nach der Quelle des Lebens. Diese Quelle des Lebens ist nicht irgendwo, irgendetwas, sondern diese Quelle des Lebens, dieses Wasser und dieser Geist ist in uns. Wir sind zum allergrößten Teil Wasser. Wir wissen es ganz genau. Der erste Partner unseres Geistes und aller anderen Materie ist immer das Wasser. Wissenschaftler haben herausbekommen, dass das Gehirn zu 70% aus Wasser besteht – zu 70%!

Und kluge Köpfe, die gescheiter sind als ich und von Physiologie und Neurologie mehr verstehen als ich, sagen, die Qualität der Speicherkapazität des Gehirns ist vor allem darauf zurückzuführen, dass dieses Gehirn zu 70% aus Wasser besteht. Mediziner sagen uns, dass schon bei einer geringfügigen Reduzierung des Flüssigkeitshaushaltes unser Nervensystem an Spannkraft, an Energie verliert und dass unser Stoffwechsel sich verlangsamt und dass wir nicht mehr denken können und nicht mehr fühlen können. Wir brauchen also Wasser zum Denken, weil Wasser selber Gedächtnis ist und weil es ein Spiegelbild des Lebens ist, weil wir im Wasser uns selber erkennen.

Während meiner Studienzeit hab ich mich mit einem arabischen Studenten angefreundet. Ich hab erst später entdeckt, dass sein Vater wahrscheinlich mehr Ölquellen hat, als mein Vater Wasserquellen - wir hatten einige Bäche und Teiche im Familienbesitz. Weil ich ihn sehr gemocht habe, habe ich ihn mit nach Hause genommen. Im Bierkeller ganz hinten war ein Brunnen. Das Wasser drückte es aus den Felsen heraus und im letzten Teil des Kellers war so ein zwei, drei Quadratmeter großer vier Meter tiefer Brunnenschacht. Dieser arabische Freund saß mit einer Kerze und im Schianzug, weil es dort saukalt war, vor diesem Wasser. Er staunte nur und sagte: „Was müsst Ihr für gesegnete Menschen sein, dass ihr in eurem Haus einen Brunnen habt. Was muss das für ein gesegnetes Land sein, in dem so viele Brunnen, Quellen, Bäche, Flüsse sind. Was muss das für ein gesegneter Mensch sein, der Wasser immer in reichem Maße zur Verfügung hat." Und da sind wir schon wieder ganz nahe an dem, was Leben ist, wenn wir von Segen, von Quelle und vom Schatz des Lebens sprechen. Ich glaube, wir sollten einmal nachdenken, nachfühlen und spüren, was die heiligen Quellen des eigenen Lebens sind. Und wir werden immer wieder auf das Wasser stoßen. Nein, nicht stoßen, auf das Wasser stößt man nicht, sondern man kann es nur berühren, denn es fängt uns auf, das ist wunderbar - es ist so sanft, aber auch so kraftvoll. Ich denke mir, es ist die kraftvollste Lebensmaterie, die wir kennen, denn sonst könnte sich in Wasser nicht das Leben selbst entwickeln. Im Mutterleib schwimmt der Mensch im Wasser. In diesem Mutterleib ist das Wasser des Lebens, in dem sich ein Mensch entwickelt, nicht nur Materie, sondern auch Geist und Seele. Das Wasser, so wissen wir, nimmt Schwingungen auf, und wir wissen, dass die Schwingungen, die im Mutterleib aufgenommen werden, die Entfaltung des menschlichen Embryos bewirken und dass Störungen dieser Schwingungen zu Störungen der Persönlichkeit des Menschen führen, viel früher als sie zur Störung seiner Physiologie führen. Wir wissen, dass wir Wunden, die einem Menschen im Wasser des Mutterleibs zugefügt werden - nicht nur taktilmechanisch, sondern auch durch Klänge und andere Einflüsse - heilen können. Zum Beispiel, wenn wir an Borderline erkrankte Kinder ins Wasser legen und Delphine dazu bringen, mit ihnen zu spielen - da baut sich nicht nur Materie auf, da baut sich Geist auf, da wird plötzlich so etwas lebendig wie Leben - in uns, mit uns und um uns herum. Und von diesem Wasser, meine Damen und Herren, sind wir immer umgeben - auch jetzt, nur in einer sehr feinen Form, das Wasser der Drau, das Wasser der Atmosphäre und die Quellen dieses Landes, sie umgeben uns auch jetzt. Und so wie Paracelsus sagt, dass das innen und außen, das oben und unten gleich ist, so können wir annehmen, dass der Organismus der Erde ein Abbild des Organismus des Menschen ist, und dass die lebenswichtigen Funktionen, die ein Mensch hat (sein Denken, die Durchblutung, die Atmung, das Lymphsystem, die Verdauung, die Ausscheidung in jeder Form) mit Wasser, mit Leben, mit diesem großen Geheimnis der Bewegung und der Beziehung zu tun hat. Denn Wasser ist etwas Wunderbares. Jeder von uns kennt die Wasserwaage. Das Wasser sucht immer das Gleichgewicht - die Balance. Es sucht immer Harmonie, wenn es nicht gestört wird. Wenn Sie ein Wasserglas schütteln, dann kommt es in Bewegung. Aber wenn Sie dem Wasser Ruhe geben, dann findet das Wasser Balance und alle Menschen finden Balance. Das große Phänomen, dass zum Beispiel die alten Ägypter ihre Pyramiden in eine absoluten Ebene stellen konnten, ist lange Zeit völlig unerklärlich gewesen. Man weiß mittlerweile, dass sie das Wasser des Nils auf den Bauplatz der Pyramide geleitet haben und mit Holzpfählen eine Waagrechte ermittelt haben. Wasser ist mehr als nur Bild und mehr als nur etwas Verborgenes, sondern es ist leibhaftig, Erfahrung, Realität - immer in uns und um uns herum. Wir sprechen auch ununterbrochen in Wasser-Wörtern, ob wir jetzt im Fluß sind, oder ob wir uns ausgetrocknet fühlen, wir assoziieren unser Leben immer mit diesem Element, von dem wir sagen, es ist nach chemischer Analyse H_2O: zwei Teile Wasserstoff, ein Teil Sauerstoff in engster Beziehung.

Was macht das Wasser eigentlich aus? Der Wasserstoff oder der Sauerstoff - nein - es ist diese Beziehung. Durch die Beziehung werden Wasserstoff und Sauerstoff zu Wasser. Das heißt, dass Wasser Beziehung lehrt. Es löst und erlöst, es reinigt und bereinigt, es wandelt, es transformiert, es steigt nach oben und kommt nach unten, es fließt in die Weite in einem ungeheueren sanften aber unwiderstehlichen Bewegungsdrang - dieses H_2O. Masaru Emoto, der Wasserkristalle fotografiert hat, hat interessante Hypothesen aufgestellt. Eine der faszinierenden ist folgende: Er sagt: „Wasserstoffmoleküle sind die eher passiven Moleküle, Sauerstoff die aktiven." Er assoziiert mit Wasserstoffmolekülen das Wort Dankbarkeit und mit dem Sauerstoff das Wort Liebe. Den Sauerstoff ordnet er dem Feuer zu. Er sagt, dass das Wasser deshalb so ein wunderbares Bild des Menschen ist, weil wirkliches Menschsein nur auf der Basis dieser beiden Grundhaltungen entstehen kann. Auf der Basis der Dankbarkeit und der Liebe. Wenn ich das auf Menschsein übertrage, dann muss ich sagen: Menschsein gelingt dann, wenn ich diese Qualität der Dankbarkeit für das Leben in meinen Leben habe und wenn ich selbst zu einem liebenden Menschen geworden bin.

Dann kann ich auch trennen und dann kann ich fließen, dann kann ich annehmen und aufnehmen und gleichzeitig aktiv sein, dann kann ich Bewegung zulassen und Bewegung fördern, dann kann ich zum Himmel aufsteigen und vom Himmel wieder zur Erde kommen. So wird das Wasser – und das ist für mich etwas Wunderbares – ein Symbol für Erfahrung von Wirklichkeit.

Aber was ist ein Symbol? Ein Symbol ist nicht ein magisches Instrument. Ein Symbol ist ganz etwas anderes. Ein Symbol ist eine Erfahrung, die mir hilft, mein Leben und die Zusammenhänge meines Lebens nicht nur zu erkennen, sondern vor allem zu erfahren. Ich will Ihnen das an einem ganz einfachen Beispiel sagen: Manchmal, wenn man auf einen Kirtag geht, dann sieht man die Standl mit den großen Lebkuchenherzen. Als Kinder haben wir sie unendlich geliebt und wer das größere Lebkuchenherz nach Hause gebracht hat, der fühlte sich am meisten geliebt. Ich weiß nicht, wer die Lebkuchenherzen gegessen hat, wahrscheinlich haben wir sie den Hühnern gefüttert, weil wir sie so lange aufgehoben haben, weil sie so schön waren. Wenn Sie ein Herz geschenkt bekommen , dann bekommen Sie ja nicht nur einen halben Quadratmeter Lebkuchen geschenkt, sondern dann bekommen Sie ein Bild geschenkt. Dann bekommen Sie Leben geschenkt. Ein Symbol ist eine Wirklichkeit, in der ich mich und mein Leben wiederfinde. Und ein Symbol ist etwas, was auch anderen die Möglichkeit gibt auf meine Erfahrung einzugehen. Ein Lebkuchenherz versteht fast jeder. Ich freue mich, wenn ich ein Lebkuchenherz geschenkt bekomme, auch wenn ich es selber nicht esse. Und ich merke, andere fühlen auch so, vor allem Kinder. Lebkuchen und Schokoladeherzen sprechen eine Sprache, die Kinder aller Kulturen verstehen. Das ist ein Symbol und Wasser ist auch so ein Symbol.

Wasser ist ein Symbol, dass jeder versteht und deshalb benützen wir alle Wasserworte, um Symbole und symbolisch Leben auszudrücken. Ob wir jetzt vom Tropfen reden, oder vom See oder der Quelle, vom Fluss, vom Meer, vom Regen oder vom Tau, immer ist in diesen Worten über das Wasser tiefe Symbolik verborgen. Und dann ermöglicht mir das Wasser auch noch Erfahrungen. Ganz sicher die Erfahrung, dass ich nass werde, äußerlich oder innerlich und dass es mir entweder kalt oder heiß den Buckel hinunterläuft und es ermöglicht mir die Erfahrungen, mit anderen oder mit etwas in Beziehungen zu kommen, nicht nur mit anderen Menschen, mit meinem Leib oder mit meiner Seele, sondern das Wasser gibt mir die Möglichkeit, mit einer transzendenten Wirklichkeit, nämlich mit Gott in Beziehung zu kommen. Denn Gott selber und das ist das, was am erstaunlichsten ist, Gott selber sagt durch Jesus Christus, beim Gespräch mit der Samariterin am Jacobsbrunnen: „Ich bin das lebendige Wasser! – Ich bin das lebendige Wasser!“ Das Bild Gottes ist lebendiges Wasser. Auch der Mensch ist Bild Gottes. Auch der Mensch ist spirituelle Wirklichkeit. Ich glaube auch, weil er zum größten Teil aus Wasser besteht. Deshalb ist es so wichtig, dass wir dieses

Bild des Wassers immer wieder suchen. Es gibt kein schöneres Bild für Sehnsucht. Wie man sich sehnt nach lebendigem Wasser, so wird uns auch Wasser geschenkt. Denn wenn wir uns nicht sehnen nach dem Wasser - ich habe schon davon gesprochen - werden wir seine Kraft nicht erfahren. Wasser antwortet immer auf meinen Ruf. Schreien sie einmal auf das Wasser und sie spüren, dass das Wasser reagiert. Wir wissen, das Wasser reagiert auf Botschaften. In allen Religionen hat man die heiligen Wässer verehrt und gesegnet. In allen Religionen hat man Menschen mit Wasser gesegnet. Und wenn Segen „benedicerei" (lat. = etwas Gutes sagen) heißt, dann heißt das, dass Wasser auf gute Botschaften reagiert, dass es sie aufnimmt. Deshalb ist dieses Wasser auch so kostbar, denn es nimmt Botschaften auf und vermittelt sie weiter. Nicht nur Mineralien, nicht nur Salze, nicht nur Strahlen, nicht nur Schwingungen, es nimmt auch wirklich Geist auf. Das haben alle großen Denker gewusst, zum Beispiel Hildegard von Bingen oder Paracelsus. Es gibt ein ganz interessantes Rezept der Hildegard von Bingen, in dem sie über den Hautbalsam aus dem Saft der Iris Germanica-Wurzel redet. Da sagt sie: „Man nehme Wasser aus großen, sauberen Flüssen und stelle damit den Hautbalsam her und verbinde die blaue Iriswurzel, die auch im Wasser steht, mit diesem Wasser und reibe alles zu einem Balsam und lege es auf die Haut." Wir stellen in unserem Kloster diesen Hautbalsam her. Schauen Sie mich an, wie gut ich ausschaue. Das ist lebendiges Wasser. Denken Sie an all die Erfahrungen mit Kneippkuren. Kneipp meinte nicht, den anderen solange einen kalten Kübel Wasser über den Kopf schütten, bis ihm Hören und Sehen vergeht, sondern Kneipp meinte eigentlich Berührung mit ganz unterschiedlichem Wasser, mit Konzentration des Wassers, mit Geist. Kneipp sagt, du musst Wasser mit Geist anwenden. Denken Sie auch an das Heilmittel, von dem die Chinesen sagen, dass sie damit

80% all ihrer Krankheiten heilen: mit einem Liter heißem Wasser. Die Chinesen verwenden als erstes Mittel, wenn jemand in irgendeiner Form erkrankt ist, heißes Wasser, lassen es den Menschen trinken und sie sagen, damit heilen sie die allermeisten Krankheiten. Wir können das natürlich physiologisch überprüfen. Wir können das abwägen aufgrund aller möglichen Erkenntnisse unserer modernen Wissenschaft, aber es ist interessant, dass es Wasser ist - heißes Wasser.

Wasser wird immer dann besonders kostbar, wenn es in Beziehung zu anderen Elementen stehet. Heilbäder zum Beispiel sind Ausdruck von Wasserbeziehungen. Moorbäder sind Ausdruck der Beziehung von Wasser und Erde. Dampf ist eine Beziehung von Wasser, Feuer, Luft - ungeheuer heilsam. Wenn wir Wasser in Beziehung setzen, zu den anderen Urelementen, das heißt auch, wenn wir unseren Leib in Beziehung setzen zu den anderen Urelementen, dann beginnt alles zu fließen. Wir nehmen einmal an, dass Sie drei Tage keine Verdauung gehabt haben: Wir nehmen das hilfsreichste Mittel das es gibt, um die Verdauung zu regulieren, nämlich Wasser. Wirklich Wasser. Dann werden Sie erkennen, wie heilsam das ist. Ich möchte all diese Dinge nicht als medizinischer Ratgeber sagen, sondern Sie einfach ermuntern, wieder zu einem guten, einfühlsamen Umgang mit dem Wasser zu kommen und diese Kostbarkeit auch tatsächlich zu benützen.

Oder denken sie an alle die wunderbaren Veredelungen des Wassers. Als Bayer denk ich natürlich zuerst ans Bier; als Kellermeister unseres Klosters zuerst an unsere Kräuterliköre und ich sag ihnen etwas: „Das kostbarste bei alledem, was wir da tun, ist das Wasser". „Hast du kein gescheites Bier", sagt man in Bayern „brauchst das gar nicht durchlaufen lassen, schütte es lieber gleich aufs Häusl". Das Wasser ist kostbar. Wasser ist der Träger, der Informationsträger dieser Substanzen und deshalb wird dieses Wasser nicht nur ein Mythos, das heißt, etwas, das für uns im Verborgenen ist, sondern tatsächlich zur Quelle des Lebens. Sie brauchen da nicht eine große wissenschaftliche Untersuchung zu machen. Sie brauchen nur nach einem drei-, vierstündigen Fußmarsch Ihre nackten Füße in einen Waldbach tauchen. Dort brauchen Sie keine wissenschaftliche Untersuchung mehr, ob ihnen das Wasser gut tut. Da ist egal, ob das Wasser ein Mythos ist oder nicht. Es tut einfach gut. Und wenn Sie sich nach einem abgespannten Tag in Ihre Badewanne legen und vielleicht noch eine Handvoll Kräuter dazugeben, dann tut Ihnen das einfach gut, und sie erleben das, was tatsächlich Leben bedeutet. Sie erleben auch das, was es heißt, ich komme wieder in Fluss, in Beziehung, und sie kommen auch wieder zu dieser Empfindung „ich bin getragen", denn das Wasser trägt uns, hilft uns. Jeder Mensch braucht die Erfahrung, dass er getragen wird. Vom Mutterleib an braucht er diese Erfahrung. Ich habe oft mit psychisch schwerstbehinderten Patienten gearbeitet, am besten war die Behandlung im Wasser. Denn da war oft plötzlich ihre Angst weg und sie spüren plötzlich, dass sie von diesem Wasser wirklich getragen sind. So wird dieses Wasser wirklich zu einer Quelle.

Ich möchte heute an viele Quellen erinnern und an das, was dieses Wasser zum Heiligtum macht, zur heiligen Quelle. Denken Sie daran, dass unsere ganze Kultur im Grunde genommen eine Wasserkultur ist. Die alten Mönchen haben gesagt, „du musst eine Quelle finden, wenn du ein Kloster gründen willst, weil nur so kannst du leben". Die großen Kulturstädte der Welt sind alle am Wasser gebaut. Ich habe einmal eine Fotoserie aus der Wüste gesehen , in der eine Quelle gefunden wurde, wo sich innerhalb von Wochen und Monaten das Leben plötzlich ausgebreitet hat - mitten in der Wüste durch dieses Wasser. Ich selber kann Ihnen berichten, als wir unser Kloster neu gebaut haben, haben wir mitten in unserem Kreuzgang, wie das die Benediktiner immer tun, einen Brunnen bzw. einen Teich gemacht. Einer unserer Freunde hat gesagt, ihr werdet erfahren, dass mit diesem Wasser ein ungeheures Leben in euren Garten kommt. Ein Biotop, wie man das heute nennt, und jedes Lebewesen, dass sich neu ansiedelt in diesem Wasser und um das Wasser herum wird fünfzehn andere Lebewesen anziehen. Sie glauben gar nicht, wie ich mich freue, wenn das Wasser über die Steine plätschert. Da kommen unsere Spatzen zum Baden. Sie sitzen auf den Steinen, waschen sich und baden. Dann kommen die Rotschwanzerl und die Bachstelzen, und die Libellen und die Molche und die Lurche. Wir haben plötzlich Leben in unserem Garten, dadurch geschieht das, was wir manchmal Paradies nennen. Ich glaube nicht nur, dass Paradies eine Fiktion ist, sondern, dass Paradies auch etwas mit Kultur zu tun hat. Der Mensch schafft sich auch ein Paradies, indem er Kultur schafft. Mit Wasser schaffen wir Kultur, weil das Wasser so unglaublich fleißig ist: Es trägt Lasten, es trägt Botschaften, es reinigt, es ist Zeichen für Leben und Tod, für Flut und Überflutung, es ist Zeichen für Lebensmittel und Katastrophe. Es ist im Grunde genommen für alles zu gebrauchen und es entfaltet sich das, was wir Wasser in Fülle nennen.

Niemand oder nichts lehrt uns das Geheimnis des Wassers mehr als Religion. Weil Religion das ist, was uns ans Leben zurückbindet. Religio (Ich habe eine Rückbindung). Vielleicht ist das Geheimnis aller Religionen die Rückkehr zum Wasser. Ich könnte Ihnen jetzt viele religiöse Wasserbilder aufzählen. Angefangen vom Wasser der Taufe bis zu den frommen Moslems, die sich vor der Moschee die Hände und die Füße waschen. Ich könnte sie erinnern an diese Quellen des Wassers, von denen wir sagen, dass sie Gott und alle Heiligen immer benützt haben. Jesus hat mit Wasser geheilt. Er hat den Gelähmten zum Teich Bethesda geschickt. Er hat das Wasser immer wieder zu einer der wahrscheinlich schönsten Gesten benützt, die man überhaupt einem anderen Menschen darbringen kann. Er hat seinen Jüngern die Füße gewaschen als Zeichen seiner Hingabe, seiner Liebe. Stellen Sie sich vor: Er hätte eine Wurzelbürste oder einen Sandstrahler genommen, um ihnen die Füße zu waschen. Nein, Wasser hat er genommen. Und Wasser hat er in Wein verwandelt. Das war auch eine sehr praktische Angelegenheit. Immer wieder tauchte in seiner Botschaft dieses Wasser auf. Im Heilshandeln Gottes und im Heilshandeln aller Religion gibt es überhaupt kein anderes Bild, das öfter genannt wird, als das Wasser. Jesus weinte – und da komme ich jetzt an eine Lebensquelle, an eine Wasserquelle, die mir eine der Kostbarsten ist, nämlich die Träne. Der Mensch selber ist Quelle der Tränen. Von den Mönchen sagt der Heilige Benedikt, sie sind nur dann wahre Mönche, wenn sie die Compunctio Cordis haben. Wenn ihr Herz so angerührt ist, dass sie weinen können. Er will sicher nicht damit sagen, dass die Mönche „Heuler" werden sollen, sondern er will sagen, wir sollen wieder die Quelle der Freude und der Trauer in uns entdecken. Es gibt eine Quelle in uns, die kann ich spüren. Haben Sie schon einmal aus Freude geweint? Oder geweint, weil Sie so angerührt sind? Da kommt alles ins Fließen. Da wird der Mensch gesund oder krank. Da heilt er oder er kann zerbrechen. Kein anderer Ausdruck des Menschsein ist mehr mit unserer Seele, mit unserem tiefsten Wesen verbunden, als wirkliche Tränen. Immer dort, wo wir wieder weinen können, kommen wir zum Leben und entdecken wahrscheinlich eine der größten Quellen, die in uns ist. Wenn Wasser uns auf diese Weise Leben gibt, dann ist es nicht nur ein verborgener Mythos, sondern dann ist es eine reale Erfahrung. Mythos ist ja nicht nur etwas Numinoses, sondern es ist Bild und Wort für eine tiefe transzendente Wirklichkeit. Wenn ich mich dem Wasser annähere, wenn ich das Wasser trinke, wenn ich es spüre, komme ich mit mir selber in Beziehung, mit Menschen, mit der Schöpfung und auch mit Gott. Wenn ich so über das Wasser rede, mich so einlasse auf einen Weg mit dem Wasser, dann stellt sich etwas ein, was ich eine spirituelle Atmosphäre nenne. Deshalb ist Wasser auch immer an allen heiligen Orten zu finden.

Es gibt kaum eine große Wallfahrtskirche, kaum einen großen Wallfahrtsort, an dem es nicht eine Quelle gibt. Denken Sie an Ihre großen, heiligen Kirchen hier in Kärnten. Ich könnte jetzt ganz viele aufzählen. Eine will ich nennen, die ich besonders liebe, die Bricciuskapelle hinter Heiligenblut am Glockner, wo man den alten Wallfahrtsweg vor Heiligenblut hinübergeht nach Kalls und weiter nach Obermauern - dieser große Rundweg um den Glockner, der von Berg zu Berg von Quelle zu Quelle führt. Oder die andere Quelle über dem Glockner, drüben in Bad Fusch - alles heilige Quellen, heilige Quellen des Lebens, die auch miteinander in Beziehung stehen. Meine Brüder und ich, wir gehen seit einigen Jahren die heiligen Wege und wir finden immer wieder die heiligen Quellen. Wir gehen sie von Heiligenblut nach Bad Fusch hinauf über das Salzachtal und finden immer wieder die Quellen des Lebens und immer wieder finden wir auch den heiligen Wolfgang bis wir dann am letzten Punkt auf dem Falkenstein an der Wolfgangsquelle angekommen sind. Alle diese Wasser, diese heiligen Quellen, fließen in irgendeiner Form zusammen und werden geheiligt durch die Wege der Menschen, die sie seit hunderten, seit tausenden von Jahren gehen. Der Wallfahrtsweg über den Falkenstein ist 5000 Jahre alt. Da suchen Menschen heilige Wege und heilige Quellen und sie werden berührt und bewegt und sie werden geheilt. Auf Wegen zu Quellen werde ich geheilt, denn dort, wo Wasser ist und Geist, dort verbreitet sich so etwas, wie eine spirituelle Atmosphäre. An jedem Weihbrunn, an jeder Quelle, an jedem heiligen Wasser, ob das jetzt der Ganges ist oder die Quelle von Lourdes, ob es die Quelle ist in Embach, in Maria Elend oder eben die Pricciusquelle. Um Heiligenblut herum, ist sowieso eine Fülle von Quellen und Leben. Da kommen wir mit jener spirituellen Atmosphäre in Berührung, die Menschen an Leib und Seele heilt. Die Bilder dieser Heilung – und mit denen möchte ich schließen –, haben alle auch wieder mit Wasser zu tun. Das erste Bild dieser transzendenten, heiligen Beziehung, in der der Mensch durch das Wasser steht, sind die Sintflut und der Regenbogen. Die Sintflut als das Zeichen des Verderbens. Auch das ist im Element des Wassers verborgen. Wasser kann auch ungeheuer zerstörend sein, aber dort wo es wieder in Balance kommt, mit allen anderen Elementen, dort entfaltet sich das Zeichen jenes Bundes, von dem es im Buch Genesis heißt und Gott sagt: „Dieses Zeichen des Bundes. Den Regenbogen und das ursprüngliche Wort des Regenbogens ist eigentlich der Wasser- und Feuerbogen, denn der Regenbogen entsteht durch Wasser und durch Licht, durch Feuer und durch die Erde und die Luft. In diesem Zeichen des Regenbogens will ich meinen Bund mit den Menschen schließen." Gott benützt Wasser, benützt die Elemente der Erde, um uns zu zeigen, dass wir angenommen sind. Das Heilige, wenn Sie so wollen, das Transzendente, das Geistige steigt im Grunde genommen auf der Brücke dieses Bogens zu den Menschen und ich habe noch kaum jemanden gesehen, der nicht gesagt hat: „Da, schau, ein Regenbogen." Und seine Augen fangen an zu leuchten. Das ist sicher nicht nur die Wahrnehmung einer bestimmten Farbskala, sondern das ist etwas viel Tieferes. Gott stellt dieses Zeichen in die Wolken zwischen Himmel und Erde, fast so wie eine Leiter, damit wir leben können. Wie die heilige Schrift beginnt, so schließt sie auch und im übrigen alle heiligen Schriften – mit einem Wassersymbol. In der Offenbarung des Johannes, wo es heißt:

„Siehe, ich mache alles neu. Und ich will den Dürstenden umsonst zu trinken geben von der Quelle des Lebens - Wassers". Dass es ein Werk der Barmherzigkeit christlichen Lebens ist, einem Durstigen zu trinken zu geben, das haben wir oft auch schon vergessen. Aber vielleicht wird uns das noch einmal ins Bewusstsein kommen, wenn die Völker der Erde immer mehr und mehr Durst leiden werden. Vielleicht werden wir es nicht mehr erleben, aber unsere Nachkommen werden wahrscheinlich diese Lebensquelle, die wir hier als Geschenk immer noch haben, mit anderen sorgsam teilen müssen, um das Leben auf dieser Erde zu erhalten.

Also, wir kehren zur Quelle zurück. Zu einem Strom von Lebenswasser und da heißt es in der Offenbarung: „Und er zeigte mir einen Strom von Lebenswasser. Glänzend wie einen Kristall, der ausgeht von einem Heiligtum. Und inmitten dieses großen Raumes wächst der Baum des Lebens." Ich glaube, wir können das immer erfahren. Das können Sie erfahren, wenn Sie einem Menschen einen Schluck Wasser anbieten, wenn Sie ihm ein gutes Wort geben, wenn Sie wieder etwas zum Fließen bringen, wenn Sie mit ihm zum Schwimmen gehen, oder wenn Sie Ihre eigenen Füße, Ihre verschwitzten und schmerzenden Füße in ein Wasserschaffel tauchen. Und dann heißt es weiter: „dann zeigte er mir den Eingang des Tempels" - und er bezieht sich auf den Ezechiel - und ich denke mir oft, wenn ich vor so einem Heiligtum stehe und da denke ich zum Beispiel an die Katherinenkapelle in Bad Kleinkirchheim, wo wirklich aus der Seite der Kirche das Wasser herausströmt. Das fließt hinab. Hinab und ergießt sich auch noch in das salzige Meer und macht das salzige wieder süß. Überall dort, wo dieses Wasser hinkommt, da wird das Leben wachsen. Und das Leben wird Nahrung für die Menschen sein. Und dadurch entsteht so etwas wie Freiraum. Ich glaube, durch nichts entsteht mehr Freiraum als durch klares Wasser – durch sauberes Wasser. Nicht nur Freiraum im eigenen Leib, auch Freiraum unter den Menschen. Ich befürchte, dass durch die Zerstörung des reinen Wassers auch Menschsein und der Freiraum von Menschen zerstört wird. Wir brauchen es, dieses Wasser.

Zum Leben brauchen wir es, und ich meine auch, und vielleicht wundert Sie es, zum Sterben. Der Mensch kommt aus dem Wasser des Mutterleibes und als Erstes wird er gebadet – im Wasser der Erde. Und wenn er seinen letzten Atemzug getan hat, dann, so war es wenigstens bei uns in unseren Klöstern der Brauch, dann hat man den Leichnam des Menschen noch ein letztes Mal gewaschen. Ein heiliger Dienst, noch mal eine Berührung mit dem Leben. So wird für mich das Wasser zu einem heiligen Heilmittel und ich wünsche Ihnen in diesen Tagen, dass Sie durch Wasser, durch Gespräche, durch Bilder diesem Geheimnis näher kommen. Vielleicht werden Sie es nicht einmal berühren können. Vielleicht werden Sie es nur erahnen oder erspüren, aber schon dadurch werden Sie die Wirkung spüren. Es ist für mich das Bild der Transformation, des Übergangs. So wie das Wasser durch Wärme aufsteigt zum Himmel und transformiert wird und wieder zur Erde fällt und hineinsickert und wieder aufsteigt, so ist das Leben des Menschen. So lebt der Mensch und er braucht dazu das Wasser, denn es ist die Brücke zur Transzendenz, die Erfahrung des Göttlichen in uns.

Lassen Sie mich schließen, mit einer kleinen Wassergeschichte. Ein alter Mitbruder hatte sich zum Sterben gelegt. Er war der Ökonom unseres Klosters. Ich war damals noch ganz jung, ich glaube fünfundzwanzig Jahre und hab den Gottesdienst in diesem kleinen Krankenhaus gehalten und der Arzt sagte mir: „Ich befürchte, der alte Bruder Gabriel wird heute sterben. Wenn wir etwas tun, wird er sterben und wenn wir nichts tun wird er auch sterben. Sein Leben wird zu Ende gehen."

Aber er war immer noch ganz klar bei Bewusstsein. Der Arzt sagte mir: „Sie müssen ihm das sagen. Er hat das Recht darauf, dass er das weiß.“ Dann bin ich zu diesem alten Bruder gegangen, an sein Krankenbett. Er war schwach, aber klar, seine Augen haben geleuchtet – wie immer. Denn er war sein ganzes Leben gegangen. Neben ihm auf dem Nachtkästchen stand noch ein Wasserglas. Ich sehe es wie heute. Ich weiß nicht mehr, was ich ihm gesagt haben. Sie können sich vorstellen, wie hilflos ich in dieser Situation gewesen bin, aber ich habe ihm eben erklärt, dass der Arzt meinte, dass das Leben bald zu Ende geht. Und dann greift er mit zitternden Händen zu dem Wasserglas und ich habe es ihm an seine Lippen geführt. Er trinkt einmal und sagt dann: „Das bringt mich auch nicht um.“ Angesichts des Todes sagt einer nach einem Schluck Wasser: „Der Tod bringt mich auch nicht um.“ Das hat mich immer getröstet. So möchte ich leben und auch sterben.

Ich danke Ihnen für die Aufmerksamkeit und wünsche Ihnen wirklich gute und gesegnete Tage hier in Villach.

Moderator Werner Freudenberger:

Lieber Pater Pausch! Vielen herzlichen Dank für diesen wunderschönen Eröffnungsvortrag. Würdiger kann man dieses Symposium nicht eröffnen. Es gibt die Gelegenheit, wenn Sie Fragen an Pater Pausch haben, diese jetzt an ihn zu richten.

Publikum:

Ich kann mir vorstellen, dass Sie sich nicht erst seit diesem Jahr mit dem Thema Wasser beschäftigen. Was war denn für Sie das Schlüsselerlebnis, warum eigentlich Wasser?

Referent:

Als ich zehn Jahre alt war, hat mich mein Großvater in den Garten mitgenommen, hat vom Haselnussstrauch eine Wünschelrute abgeschnitten, sich an einen bestimmten Platz gestellt und gesagt: „Schau einmal Bub, wenn du die Rute festhältst und ans Wasser denkst, was dann passiert.“ Diese Rute hat dann ganz massiv ausgeschlagen. Dann hat er mich aufgefordert: „Probier es auch einmal.“ Ich hab mich hingestellt und die Rute hat ausgeschlagen. Ich hab ihn gefragt: „Was ist das?“ Er hat geantwortet: „Brauchst jetzt nicht wissen, aber wenn du auf die Gant* kommst, dann erinnere dich daran, du kannst Quellen suchen, da hast noch einen guten Broterwerb.“ Das war meine erste Begegnung mit lebendigemWasser. Ich hab das nicht geglaubt. Ich hab zu meinem Großvater gesagt, er schwindelt und er hat gesagt: „Wir werden den Brunnen aufmachen.“ Er hat dann, an meinem 10. Geburtstag, diesen Brunnen aufgemacht. Das war nicht die erste Berührung mit Wasser aber eine sehr prägende. Und seitdem lässt es mich nicht mehr los.

Publikum:

Ein großartiger Großvater, der für Sie einen Brunnen aufmacht.

Referent:

Ja, das ist eines der Urerlebnisse meines Lebens gewesen, dass so etwas geschieht. Seitdem traue ich mir zu, nach Quellen zu suchen und Quellen zu finden.

Publikum:

Wenn Sie sich jetzt schon praktisch dreiundvier-

* Gant = Pleite gehen

zig Jahre mit Wasser beschäftigen und diese Zeit Revue passieren lassen, wie empfinden sie die Veränderung unseres Umgangs mit dem Wasser in den letzten Jahren?

Referent:

Es hat, glaube ich, zwei Bewegungen gegeben, die ich erlebt habe. Zuerst ein sehr oberflächlicher und zerstörerischer Umgang mit Wasser. Erst jetzt erlebe ich wieder eine Sensibilisierung in ganz vielen Bereichen. Viele Menschen interessieren sich, wenn man über das Wasser redet. Sie werden davon berührt. Kaum jemand verschließt sich dieser Dynamik, wenn man mit ihm zu einer Quelle geht. Wahrscheinlich liegt es auch daran, dass alle Menschen ahnen, dass dieses kostbare Gut mit großer Ehrfurcht behandelt werden muss. Das ist das eine und das zweite war, ich glaube, die einseitige, naturwissenschaftliche Betrachtung des Wasser, also eine chemisch, biologische und physikalische Analyse. Das reicht nicht aus, um den wirklichen Gehalt dieses Elements zu erfahren, um ihm gerecht zu werden.
Es ist wichtig, diese Dinge zu erforschen, sich mit diesen Dingen auch kritisch auseinanderzusetzen, aber es ist nur ein Teil. Jetzt geschieht etwas Neues: Menschen setzen sich mit dem Geist des Wassers auseinander. Also wenn ich irgendwo hinkomme und irgend einen g'scheiten psychologischen oder theologischen Vortrag halte und ich bin schlecht vorbereitet und ich fang an übers Wasser zu reden, interessieren sich alle dafür. Das Wasser bewegt und berührt.

Publikum:

Gibt es Kartenmaterial über diese alten Pilgerwege?

Referent:

Es gibt nur mehr Reste, die wir ausgegraben haben. Wir haben angenommen oder wir haben vermutet, dass der Glockner ein heiliger Berg ist. Es gibt verschiedene Indizien dafür, ähnlich wie der Kailash. Alle großen, heiligen Berge sind auf Wallfahrtswegen umgangen worden. Beim Kailash kennt man das aus der Tradition. Wir haben also vermutet, dass es um den Glockner auch einen Wallfahrtsweg gibt. Ein Stück gibt es: Die jetzige Wallfahrt von Ferleiten nach Heiligenblut, die jedes Jahr gegangen wird. Wir, die Mönche vom Gut Aich, sind auch gegangen und haben gesucht, denn wir vermuten, dass diese Wallfahrtswege und Wallfahrtslinien und Quelllinien bis zu unserem Kloster führen. Wir haben gesucht, wohin die Menschen wallfahrten gehen. Die Heiligenbluter gehen nach Obermauern, das ist die Südroute und dann gibt es eine Route, die wir noch nicht genau kennen, das ist die Route von Obermauern nach Bramberg hinaus in den Pinzgau. Die alte Glocknerwallfahrt begann nicht in Vertleiten und nicht im Norden sondern in Bramberg. Sie sind den ganzen Pinzgau entlang gegangen und dann erst um den Glockner herum. Der alte Wallfahrtsweg dürfte also ein Rundwallfahrtsweg um den Glockner gewesen sein. Von diesen Wegen gehen wieder andere Wallfahrtswege aus. Zum Beispiel die Wallfahrt vom Glockner über St. Wolfgang nach Altötting. Eine andere Wallfahrt führt über das Steinerne Meer nach St. Bartholomä in Königssee. An diesen heiligen Wallfahrtswegen sind immer auch Quellen und Wasser zu finden.

Publikum:

Gibt es ein Buch über dieses interessante Thema?

Referent:

Nein, noch nicht. Wir sind dabei, es zu schreiben, aber wir haben noch nicht alle Mosaikbausteine zusammengetragen. So etwas kann man nicht einfach schreiben wie ein Kochbuch, sondern man muss immer wieder gehen. Von einem Ort zum anderen gehen und auch beten. Das ist ja auch so etwas Unmodernes! Man muss sich diese Wege wieder erbeten, erbitten, heiligen. Auch das gehört dazu. Heute, in unserer aufgeklärten Zeit, benützen wir die Dinge. Wir danken nicht mehr, bevor wir etwas benützen, etwas annehmen, etwas konsumieren und dadurch bleibt es uns auch fremd. Wenn ich für etwas danke, werde ich geheiligt und der Mensch oder das Ding ebenso.

Publikum:

Wie können sie bei einer Quelle, die Sie dann auf diesen Wegen aufspüren, sagen, das ist eine heilige Quelle und das ist eine normale Quelle?

Referent:

Das sind die Gretchenfragen. Also ich sag Ihnen folgendes: Ich probier das Wasser und wenn's mir schmeckt, dann trink ich's und wenn's mir nicht schmeckt, dann trink ich's nicht. So handhab ich das. Ich muss allerdings dazusagen, wir haben auch unser Werkzeug dabei. Böse Zungen sagen immer, das ist der Hexenkoffer. Wir versuchen das auf verschiedene Weise zu erkennen. Aber das Werkzeug ist gar nicht wichtig, das sicherste

Werkzeug ist das Gespür. Und dem zu folgen, das ist das Wichtigste.

Publikum:

Der Hexenkoffer würde mich jetzt schon interessieren. Was nehmen sie da mit?

Referent:

Eine Flasche Schnaps! Das stimmt schon, die haben wir da auch drin. Man kann mit bestimmten Werkzeugen, wie zum Beispiel mit der Wünschelrute, erkennen, wo was zu finden ist. Aber ich bin eher ein Skeptiker der Werkzeuge geworden, weil dadurch die ganze Sache wieder so instrumentalisiert wird. Ich glaube, dass in jedem Menschen die Fähigkeit steckt, so etwas zu spüren und das wieder zu heben und zu wecken. Das wäre eigentlich ein großes Ziel.

Mag. Jörg Schauberger:

Uns beide verbinden zwei Dinge, wir wohnen im Salzkammergut und wir beide haben uns sehr viel mit dem Wasser auseinandergesetzt. Jetzt möchte ich Ihnen gerne einmal die Frage stellen, die mir so oft gestellt wird. Die Wasserbelebung: Ist das oft zu viel des Guten oder wissen die Leute überhaupt, was sie mit dem Wasser tun, wenn sie es zwingen, was anderes zu machen, als es eigentlich machen möchte?

Referent:

Ich beschäftige mich auch damit und man findet heute viele Instrumente, Geräte und Literatur über Wasserbelebung. Zum Teil erhält man sehr verwirrende und oft nicht nachvollziehbare Aussagen. Es gibt einige Geräte, die für mich erstaunliche Wirkungen haben, obwohl ich nicht begreife, welche Ursache dahinter steckt, obwohl ich mich sehr intensiv damit beschäftige. Ich kenne aber ein sicheres Mittel der Wasserbelebung und zwar aus der Natur. Das ist der Stein und das ist die Luft. Immer dort, wo Stein und Luft enthalten sind, wird für mich die Wasserbelebung am leichtesten nachvollziehbar. Am allereinfachsten ist es, sich selber um belebtes Wasser zu bemühen und da brauch ich nur ein paar guten Steine. Das reicht dann eigentlich schon. Ich bin ein bisschen skeptisch gegenüber der Geschäftemacherei. Es wirkt oft sehr verwirrend auf die Menschen und der Nachweis ist meist nur sehr schwer zu erbringen.

Publikum:

Kann man da einen einfachen Flussstein nehmen?

Referent:

Nehmen Sie ruhig einen Stein, den Sie in einem Bach finden. In den allermeisten Fällen spüren Sie, dass das passt. Muß es ein schöner Stein sein? Was ist ein Edelstein? Das ist immer eine sehr subjektive Empfindung. Vielleicht ist der Stein, den wir als ganz wertlos ansehen, ein ganz kostbarer Stein, der sehr viel hilft,weil er eben sehr häufig vorkommt.

Publikum:

Würde vielleicht auch genügen, wenn manche Menschen das Glas liebevoll anschauen oder in die Hand nehmen und sich mit dem Wasser auseinandersetzen und es dann trinken, um es zu beleben?

Referent:

Ja. Davon bin ich überzeugt. Wissen Sie, in der katholischen Kirche, deren Vertreter auch ich manchmal bin, da ist es oft schwierig plausibel zu machen, dass zum Beispiel das Weihwasser sehr kostbar ist. Ich bin nach wie vor davon überzeugt, dass das geweihte, gesegnete Wasser ganz kostbar ist. In unser aufgeklärten Zeit sagt man, das ist ein Unsinn. Aber bedenken Sie, wenn ich zu Ihnen, erlauben Sie, sage, Sie sind ein Rindvieh, werden Sie ganz anders reagieren, als wenn ich sag, Sie sind ein netter Mensch. Wenn ich zu einem lebendigen Wesen, und das ist das Wasser, etwas Gutes sage, wird es darauf reagieren. Das ist eine ganz wirksame Sache und sehr plausibel.

Publikum:

Um Wasser in dem Sinn zu segnen beziehungsweise für eine positive Zugänglichkeit zu sorgen, da braucht man im Grunde keinen Priester.

Referent:

Nein, wir sind alle eine königliche Priesterschaft, wie es im Hebräerbrief heißt. Man fragt sich: „Kann ich das?" und „Darf ich das?" Wenn ich diese beiden Fragen aus theologischer Sicht analysiere, dann sind das im Grunde genommen Fragen des Unglaubens und psychologisch gesprochen Fragen der nicht ausgeprägten Autenzität oder der Persönlichkeit. Ich denk mir, dass ich als Mensch Gutes sagen darf, dass ich segnen muss, darf und kann. Das ist keine Frage. Das ist wahrscheinlich meine Lebensaufgabe.

Publikum:

Wir haben jetzt so viel Positives vom Wasser gehört aber wieso fühlen sich dann Selbstmörder so stark von diesem Element angezogen? Gibt es eine Erklärung dafür?

Referent:

Das was ich jetzt sage, kann ich wissenschaftlich nicht beweisen. Das ist meine Hypothese. Aber ich mach mir natürlich auch als Therapeut viele Gedanken, denn es gibt Fälle wo Patienten einen Suizid machen und ich frage mich dann immer: Was hat den Menschen dorthin getrieben? Ich werde auch in der Seelsorge immer wieder mit der Frage konfrontiert: Warum so und nicht anders? Ich glaube man kann am Bild der suizidalen Handlungen immer ein vorherrschendes Element finden. Entweder das Feuer oder das Wasser. Wenn ich mir die Lebensgeschichten und die seelischen Geschichten dieser Menschen anschaue, drücken sie dann in diesem Schritt - der niemals bewertet werden darf - eigentlich ihre tiefste Sehnsucht aus. Ihre Sehnsucht, wieder in den Fluss des Lebens zu kommen, ins Fließen zu kommen, zu sich selber wieder in Beziehung zu kommen, getragen zu werden. Diese Kräfte werden hier aber gegen das Leben gerichtet. Ich kann es nicht anders sagen, aber oft drückt sich in solche Handlungen eine tiefe Sehnsucht des Menschen aus, die keinen adäquaten Ausdruck finden kann. Aus welchen Gründen auch immer, ob das jetzt psychische, soziale oder wirtschaftliche Gründe sind. In meiner klinischen Praxis war ich oft mit dabei, wenn Menschen aus einem Suizidversuch wieder aufgewacht sind, weil sie reanimiert wurden. Da war dann immer die große Enttäuschung: „Bin ich jetzt nicht in der Ewigkeit? Jetzt hab ich's immer noch nicht geschafft." Ich glaube nicht, dass ein Mensch sein Leben wirklich leichtfertig wegwirft. Das tut kaum jemand. Es ist die Sehnsucht nach Erlösung und vielleicht auch eine Sehnsucht - und da kommen wir wieder zu unserem Thema -, in die Geborgenheit des Mutterschosses zurückkehren zu können. Diese Sehnsucht ist oft so stark, dass dann solche Wege gewählt werden.

Publikum:

Was sagen sie zu der Unterscheidung rechtsdrehendes oder linksdrehendes Wasser?

Referent:

Ich habe mich wirklich sehr intensiv damit beschäftigt und ich muss sagen, ich kenne weder die genauen Ursachen noch die genauen Wirkungen. Ich weiß, dass die rechtsdrehenden Wässer eine positivere Wirkung haben, aber ich weiß nicht warum. Da bin ich mir in der Bewertung insgesamt nicht sicher.

Publikum:

Wie definieren sie rechtsdrehend?

Referent:

Von unseren alten Mönchen habe ich gelernt, eine Blüte in das Wasserglas zu geben und so lang auf den Tisch zu schlagen, bis sich das Wasser zu drehen anfängt - dann ist es ganz eindeutig.

Publikum:

Welche Blüte verwendet man für den Test?

Referent:

Ich nehme meistens ein Gänseblümchen. Weil ich denk, dem Wasser tuts nicht weh und das Gänseblümchen freut sich.

Publikum:

Wobei es ja durchaus sein kann, da gibt es auch

Versuche, dass sie das Gänscheblümchen mental selber drehen.

Referent:

Ich weiß, deswegen rede ich auch nicht gern von rechts- und linksdrehendem Wasser, weil ich weiß, wie manipulativ diese Dinge verwendet werden und da ist es mir viel lieber, ich rede darüber, dass mir das Wasser schmeckt oder es schmeckt mir nicht. Das kann ich ganz klar sagen und alle diese anderen, spekulativen Dinge, die ich nicht klar benennen kann und auch deren Hintergründe ich nicht klar aufzeigen kann, von denen lass' ich lieber. Ich muss aber auch sagen, ich beschäftige mich aus wirklichem Interesse natürlich sehr intensiv damit.

Publikum:

Ist es richtig, dass rechtsdrehendes Wasser weniger verkeimt ist?

Referent:

Keime können überall drinnen sein, aber sie bewegen sich anders. Es scheint so zu sein, dass es die Qualität des Wassers, den Unterschied ausmacht, ob das Wasser mit Verschmutzung besser fertig wird oder weniger gut fertig wird. Das scheint mit diesem Rechts- und Linksdrehen etwas zu tun zu haben. Das traue ich mich am ehesten so zu sagen.

Publikum:

Sind die meisten Heilquellen rechtsdrehend?

Referent:

Das scheint so zu sein. Also ich würde die Wasserqualität generell nicht mit Rechts- und Linksdrehen bestimmen. Ich würde auch nie sagen:

Nimm dir ein rechtsdrehendes Wasser oder ein linksdrehendes Wasser.

Publikum:

Ich trinke seit einigen Jahren das Wasser der Rosarienquelle und ich weiß, dass dieses Wasser sehr lange haltbar ist. Voriges Jahr hatte ich einen Wasserforscher der Universität Innsbruck bei mir und ich habe ihn darauf angesprochen. Er sagte, das Wasser kommt aus so großen Tiefen und sei so klar und rein, dass es deshalb so lange hält.

Referent:

Es wird angenommen, dass natürlich das Wasser haltbarer ist, je größer die Tiefe ist und je älter es ist, denn desto unverfälschter ist es auch. Aber es gibt keine Garantie dafür, dass es sauber und rein sein muss, denn in unserer Landschaft gibt es viele Verwerfungen, da kann auch dieses Wasser wieder verunreinigt werden.

Moderator Werner Freudenberger:

Wir freuen uns, dass Sie heute hier waren und dieses Symposium eröffnet haben. Schöner hätte man es nicht machen können.

Vielen herzlichen Dank und alle guten Wünsche begleiten Sie in Ihr Kloster.

Vortrag Paracelsus Akademie Villach
Freitag, 23. Mai 2003

Mag. Jörg Schauberger

Das Wunder Wasser. Viktor Schauberger, Pionier der modernen Wasserforschung

---

Wasser ist die auf unserer Erdoberfläche am häufigsten vorkommende chemische Verbindung. Und doch birgt sie die meisten Geheimnisse von allen. Das Wasser steckt voller Wunder. Schon die Tatsache, dass es Wasser überhaupt gibt, grenzt an ein Wunder. Denn Wasser dürfte es in der uns bekannten Form gar nicht geben - als Verbindung der beiden Gase Wasserstoff und Sauerstoff müsste es bei den auf der Erde üblichen Temperaturen selbst wieder ein Gas sein. Flüssig dürfte es - rein chemisch-rechnerisch betrachtet - erst bei minus einhundert Grad werden.

Das Wasser selbst vollbringt Wunder. Es ist von einer einzigartigen heilenden Wirkung. Von Trinkkuren angefangen bis zu äußerlichen Anwendungen.

Wasser ist der Mittler von Wundern, wenn wir etwa an Lourdes denken oder an die vielen heiltätigen Quellen, von denen es gerade auch in Kärnten so viele gibt. Sie haben auch seit Jahrhunderten einschlägige Bezeichnungen: Augenbründl oder Fieberbründl, um nur zwei Beispiele zu nennen. Das Wasser spielt auch bei anderen Anlässen die Basis für Wunder, wenn etwa der Wein ausgeht und nur mehr Wasser da ist. Oder - um gleich bei Jesus zu bleiben, wenn bei seiner Taufe mit Wasser plötzlich auf wundersame Weise die Stimme Gottes aus den Wolken erschallt.

Wasser scheint, auch aus biblischer Sicht, mehr als nur übernatürlich zu sein. So mancher Disput hat sich schon entsponnen aus der schlichten Tatsache, dass die Schöpfungsgeschichte beschreibt, wie Gott der Reihe nach alles erschaffen hat. Bis hin zu den Tieren und uns als der „Krone der Schöpfung". Allein das Wasser wird jedoch schon als vorher vorhanden angesehen. Denn der Geist Gottes schwebte über den Wassern, bevor Gott überhaupt mit dem Schöpfungsakt beginnt.

So gut wie alle Religionen stützen sich auf Entstehungsgeschichten, die sich rund um das Wasser drehen. Und so manche Gottheit herrscht im Wasser oder ist dem Wasser entstiegen. Besonders verankert ist die all-umfassende Bedeutung des Wassers in den sogenannten Naturreligionen. Seine grundlegende Bedeutung als verehrungswürdiges Wunder scheint das Wasser mit dem Fortschreiten der Wissenschaft zu verlieren. Und hier darf ich erstmals meinen Großvater Viktor Schauberger auf den Plan rufen, der ja im Untertitel meines Vortrages schon angekündigt worden ist.

Viktor Schauberger stammte aus einer Familie von Förstern. Geboren 1885, aufgewachsen im oberösterrreichischen Teil des Böhmerwaldes, nach vielen Jahrzehnten des ganzheitlichen Forschens im Jahre 1958 in Linz verstorben.

Seine ersten und grundsätzlichen Erkenntnisse hat er aus der Beobachtung und aus der natur-wissenschaftlichen Beschäftigung mit dem Medium Wasser gewonnen. Zu einer Zeit, in der das Wasser als Selbstverständlichkeit hingenommen worden ist. Uns ist ein Ausspruch von Zeitgenossen überliefert: „Mein Gott, dieser Schauberger und sein ewiges Gerede vom Wasser."

Mein Großvater bringt die Entmystifizierung des Wassers, diese beinahe schon verächtliche Haltung, die die Wissenschaft im Laufe der Zeit gegenüber dem Wasser eingenommen hat, auf den Punkt, wenn er feststellt:

„Die moderne Wissenschaft betrachtet das Wasser nur als H_2O. Dabei ist Wasser viel mehr als nur das."
„Wäre das Wasser, (wie die Wissenschaft meint,) H_20, so würde es auf der Erde keine Pflanzen, keine Tiere und daher auch keine Menschen geben."

Aus: Viktor Schauberger,
Der Gelehrte und das Hagelkorn 1932

Aus dem mangelnden Respekt gegenüber diesem Ur-Stoff hat sich die Wissenschaft und mit ihr diejenigen, die für die Versorgung der Menschen mit Wasser zuständig sind, auf eine einfache Position zurückgezogen.

„Man begnügt sich in der Regel damit, keimfreies, klares und reines Wasser zu erhalten."
„Unsere Wissenschaft betrachtet den Urorganismus Wasser als eine chemische Verbindung und verabreicht Millionen Menschen eine nach diesen Gesichtspunkten präparierte Flüssigkeit, die alles eher als gesundes Wasser ist."
„Der moderne Kulturmensch trinkt heute überwiegend schlechtes Wasser, hat sich deshalb vielfach des Wassertrinkens entwöhnt und fügt damit seinem Körper schweren Schaden zu."

Aus: Viktor Schauberger,
Unsere sinnlose Arbeit, 1933

Mit der Qualität sinkt also interessanterweise auch die Quantität. Worauf Ärzte und Wellness-Berater mittlerweile hinweisen, dass als eine der Hauptursachen für unzählige Krankheiten der mangelnde Wasserkonsum anzusehen ist, darauf hat mein Großvater schon vor vielen Jahrzehnten hingewiesen.
Wasser-Derivate wie Cola und Co. laufen heutzutage dem ursprünglichen Lebensspender den Rang ab. Künstlich mit

Kohlensäure versetztes Mineralwasser, allerhand mit irgendwelchen künstlichen Aromen verfälschtes H_2O wird in Unmengen angeboten und auch als Wasserersatz getrunken. Von der einstigen Vital-Kraft des Ausgangsproduktes ist nichts mehr übrig geblieben. Wie viele Menschen wissen überhaupt noch, wie wirklich gutes, gesundes Wasser schmeckt? Und doch seit ein, zwei Jahren sprechen auf einmal jeder und alle über das Wasser. Dabei hat es in unseren Breiten schmückende Beinamen bekommen: Das Blaue Gold, das Öl der Alpen und viele mehr. Bei diesen Bezeichnungen steht der ökonomische Wert, der kommerzielle Nutzen im Vordergrund.

Weiters wird das Wasser als Lebenselixier bezeichnet. Oder als Ur-Quell des Lebens. Oder noch direkter, wenn die Gleichung aufgestellt wird: Wasser ist Leben.

Wasser ist also für uns Lebewesen unentbehrlich. Nur das Wasser lässt uns leben - bald wird dies eine doppelte Bedeutung haben, dieses „nur mehr mit Wasser lässt sich gut leben" - denn es lassen sich sehr gut Geschäfte machen mit dem Wasser. Bald machen vielleicht nur mehr diejenigen gute Geschäfte, die noch Wasser haben.

Nicht nur im übertragenen Sinn werden wir diesbezüglich noch das eine oder andere blaue Wunder erleben.

Die eben formulierten Betrachtungen zielen zunächst auf die Verfügbarkeit ab. Es geht um das Vorhandensein, um Besitz, um die Verteilung, um das damit verbundene Geldmachen. Die Quantität als Bewertungsgrundlage.

Eine völlig andere Ebene beschreiten wir, wenn wir - wie schon vorher angeschnitten - die Qualität des Wassers in den Mittelpunkt unseres Interesses rücken.

Wie erwähnt ist hier festzustellen, dass es zwischen den verschiedenen Qualitätsbegriffen Unterschiede gibt. Es ist ein Unterschied, ob sie den Chef eines städtischen Wasserwerkes fragen, was denn er unter gutem Wasser versteht - oder wenn sie zum Beispiel einen Wasser-Experten fragen, der sich derzeit noch am Rand der anerkannten Wissenschaft bewegt.

Betrachten wir zunächst die gängigen Vorstellungen von Trinkwasser. Um dem Gesetz Genüge zu leisten, muss man als Anbieter von Trinkwasser nur schauen, dass das Wasser keine krank machenden Keime enthält, dass es auch anderweitig nicht verunreinigt ist, dass es also nicht verschmutzt oder verkeimt ist, dass man mit freiem Auge keine Verunreinigungen ausmachen kann und dass es nicht unangenehm riecht. Mit einem derartigen Wasser bekommt man als Wasserversorger im Allgemeinen keine Schwierigkeiten. Weder von Seiten der Konsumenten noch von Seiten der Gesetzgeber. Das Besondere an dieser Qualitäts-Definition ist die Negation. Gutes Wasser wird definiert über das, was es nicht ist beziehungsweise nicht sein darf.

Doch genügt es wirklich, das Wasser von Schadstoffen zu befreien, wenn man gutes, gesundes Wasser verabreichen möchte? Fragen wir die moderne, zukunftsweisende Wasserforschung. Einer ihrer Pioniere war mein Großvater, Viktor Schauberger. Er weilt schon seit rund 45 Jahren unter der Erde. Und doch hat er uns auch heute noch, besser gesagt gerade heute, enorm viel zu sagen. Eine seiner Überzeugungen:

> „Nur die Natur kann und darf unsere große Lehrmeisterin sein."

Was ist eigentlich Wasser? Woher kommt es? Und wohin vergeht es? Diese Fragen haben schon unzählige Menschen zu beantworten versucht.

> „Alles Leben entspringt aus dem Wasser. Das Wasser ist demnach die eigentliche Lebensquelle. Grund genug, sich mit dieser genau zu befassen."

Spricht man von Leben, so spricht man auch von Organismen. Vor wenigen Jahrzehnten ist die sogenannte Gaia-Theorie von James Lovelock aufgestellt worden. Gaia, die Ur-Mutter, der Planet Erde als ein riesiger Organismus.

Lange bevor Lovelock seine Gaia-Theorie vorgestellt hat, hat sich Viktor Schauberger ähnliche Gedanken gemacht und hat vor rund siebzig Jahren klipp und klar formuliert:

„Die Planeten und damit die Erde sind Organismen"

Vergleichen wir die Erde mit unserem menschlichen Organismus. Nicht von ungefähr nennen wir das, worin sich das Wasser unter der Erde bewegt, Adern. Der Begriff Wasseradern ist in den täglichen Sprachgebrauch eingeflossen. Wenn die Erde also Adern hat, genauso wie der menschliche oder der tierische Körper, so kann man mit Viktor Schauberger feststellen:

„Wasser ist das Blut der Erde"

Aus dieser Erkenntnis heraus hat sich mein Großvater Gedanken über die von ihm sogenannte Erdblut-Führung gemacht. Also mit der naturgemäßen Wasser-Leitung.

Erste Erfolge hatte er in den 20er- und 30er-Jahren mit eigenartigen Holzschwemmanlagen, die sich mäanderförmig durch die Täler geschlängelt haben. Sie hatten einen eiförmigen Querschnitt und senkten die Kosten für die Holzbringung aus entlegenen Gebirgstälern enorm.

In der Beschäfigung mit dem Transport von Holz hat er auch feststellen können, dass das Archimedische Gesetz nur ein Teil der Wahrheit ist. Dieses Gesetz handelt ja vom Auftrieb im Wasser in Abhängigkeit zur verdrängten Wassermenge. Eine Stahlplatte kann nicht schwimmen. Wenn ich aber aus dem Stahl ein Schiff mit Hohlraum forme, ist das etwas anderes. Das riesige Passagierschiff aus Stahl schwimmt, weil es eben mehr Wasser verdrängt als der aufeinander gestapelte Berg an Stahlplatten, aus denen das Schiff gebaut worden ist.

Was aber macht man zum Beispiel im Falle meines Großvaters, der eine fertige Schwemmanlage vorweisen kann, wo aber ein riesiger Baumstamm mitten in der Rinne liegen bleibt und sich auch von den Wassermassen nicht weiterbewegen lässt? Der Baum, es dürfte eine Buche gewesen sein, hatte ein spezifisches Gewicht, das größer als jenes des Wassers war.

Lesen wir in der Abhandlung „Die erste biotechnische Praxis" nach. Darin beschreibt Viktor Schauberger unter anderem eine richtungsweisende Beobachtung, als er Mitte der 20er-Jahre seine erste große Schwemmanlage für den Fürsten Schaumburg-Lippe in dessen Jagdrevier in Steyrling, am Fuße des Toten Gebirges konstruierte.

> „Eines Tages machte ich eine kleine Vorprobe. Ein mittelschweres Bloch wurde in den Riesmund eingeführt. Es schwamm ungefähr 100 Meter und blieb plötzlich liegen. Das nachkommende Wasser staute sich und die Riese ging über. Ich sah in höhnische und schadenfrohe Gesichter.
> Sofort erkannte ich die Tragweite dieses Versagens und war fassungslos. Das liegengebliebene Bloch ließ ich aus der Riese entfernen. Zu wenig Wasser und zu großes Gefälle, war meine Diagnose. Ich war ratlos. Zuerst sandte ich meine Mitarbeiter nach Hause, um in Ruhe überlegen zu können. Die Kurven lagen richtig. Da bestand keinerlei Zweifel. Was ist die Schuld, dass die Sache nicht geht? Das waren meine Überlegungen. Langsam ging ich die Riese hinunter."

Nachdenklich setzt sich mein Großvater auf einen Felsen am Rand des Staubeckens.

„Plötzlich spürte ich durch die Lederhose etwas krabbeln. Ich sprang auf und sah eine Schlange, die an dieser Stelle zusammengeringelt lag. Die Schlange schlug ich weg und das Biest flog ins Wasser, schwamm sofort zum Ufer zurück und wollte landen. Das gelang ihr jedoch wegen des steil abfallenden Felsens nicht. So schwamm die Schlange suchend umher und überquerte schließlich den Stausee. Ich sah ihr nach. Da schoß es mir durch den Kopf. Wie kann die Schlange ohne Flossen so pfeilschnell schwimmen? Ich nahm das am Halse hängende Jagdglas und beobachtete die eigenartigen Drehbewegungen des Schlangenkörpers unter dem kristallklaren Wasser. Dann erreichte die Schlange das jenseitige Ufer.
Eine Zeitlang stand ich noch wie erstarrt da. Vor meinen Augen rekapitulierte ich jede Bewegungsänderung der Schlange, die sich so eigenartig unter dem Wasser gewunden hat. Es war eine wellenartige Vertikal- und Horizontalkurvenkombination. Blitzschnell erfaßte ich den Vorgang."

Viktor Schauberger setzt seine Erzählung fort. Er holt alle Arbeiter zurück zur Schwemmanlage, verspricht ihnen doppelten Lohn und gibt seine Anweisungen:

„Rasch fertigmachen! Sofort gehen drei Mann ins Sägewerk. Ersucht den Verwalter um ein Fuhrwerk und bringt 300 Lärchenlatten zur Einlaufstauung!" Den Meister nahm ich mit. Wir gingen zur Einlaufstelle. Ich sagte ihm: „Sie bekommen doppelten Lohn und werden mit allen Ihren Leuten, wenn nötig, die ganze Nacht bei Fackellicht die Latten so in die Riese nageln, wie ich es Ihnen zeige, ich bleibe dabei."

... Die ganze Nacht dauerte das Hämmern. Sorgfältig kontrollierte ich die so entstandenen Gegenkurven in den Rieskurven, die das Wasser so zwangen, sich wie die Schlange in der Riese zu winden. Gegen Mitternacht kam ich nach Hause. Da lag ein Schreiben des inspizierenden Oberforstmeisters, dass morgens gegen 10 Uhr der Fürst, die Fürstin und einige Sach- und Fachverständige den Probelauf besichtigen wollen."

Schauberger und seine Mannen mussten sich also beeilen. Der Lohn wurde noch einmal erhöht, ein extra bezahlter Rasttag versprochen und so wurde die Nacht durchgearbeitet. Gerade rechtzeitig wurde der Bau fertig. An der sogenannten Einlaufstauung war Treffpunkt.

„Ich ließ das Ablauftor öffnen. Rückwärts stocherten meine Leute schwächere Blochhölzer ins Wasser. Ein schweres, etwa 90 cm starkes Bloch schoben sie unbemerkt zur Seite. „Na, na", meinte plötzlich der alte Triftmeister, „dös schware Luader angelts zuwa!" Ich gab einen kurzen Wink und langsam schwamm das kaum aus dem Wasser ragende Bloch näher. Dann stand es vor dem Rießenmund. Es staute das Wasser, welches langsam stieg. Kein Mensch sprach ein Wort. Alles starrte auf das mit dem Wasser hochgehende Bloch. Im nächsten Moment mußte die Rieße überlaufen. Da begann plötzlich ein Gurgeln. Das schwere Bloch drehte sich etwas rechts, dann kurz links, und schon schlängelte es sich der Schlange gleich, den Kopf hoch, und schwamm pfeilschnell ab. Nach wenigen Sekunden war es, eine elegante Kurve nehmend, weg."

Was folgt, sind Flüche und nicht ganz jugendfreie Ausprüche der Gegner meines Großvaters. Viktor Schauberger jedoch wird vom Fürsten umgehend befördert. Schließlich wird mein Großvater direkt im Forstministerium als Konsulent für Holzschwemmanlagen aufgenommen. Doch das ist eine andere Geschichte.

Ich habe diese Stelle deswegen so ausführlich zitiert, weil hier ein wichtiger Grundstock für praktisch alle Wassererkenntnisse meines Großvaters dokumentiert worden sind. Ihm ist in diesen wenigen Stunden zwischen drohender Niederlage und wenn auch vorläufig bescheidenem Triumph das Prinzip der naturrichtigen Wasserbewegung klar geworden. Wasser will nicht gerade fließen. Wasser darf nicht gezwungen werden, wider seine Natur zu handeln. Und es kann viel mehr, als die Wissenschaft bislang erkannt und postuliert hat. So kann Wasser durch ganz einfache Maßnahmen tragfähiger gemacht werden. Es kann - bei richtiger Wasserführung - Stoffe tragen, die normalerweise untergehen müssten. Dazu dient in erster Linie die Einrollung oder Verwirbelung.

Diese zentripetale Einrollung, dieses zopfartige Verwirbeln, hervorgerufen durch Leitelemente, verdichtet das Wasser, macht es spezifisch schwerer. Damit werden alle anderen Stoffe, etwa Holzstämme, relativ zum Wasser gesehen, leichter.

Eine konsequente Weiterentwicklung führte von offenen Wasserstraßen zu geschlossenen. Also von den Riesen und Schwemmanlagen zu Rohren und Rohrleitungen.

Viktor Schauberger sprühte nur so vor Eingebungen, die er fast täglich zu Papier brachte. Eine seiner Ideen waren sogenannte Doppeldrallrohre. Durch spezielle Einbauten sollte schweres Material, selbst Erze, in Wasser-Pipelines transportiert werden. Seine Idee wurde jedoch nicht umgesetzt.

Das Prinzip nenne ich gerne den Tee-Flankerl-Effekt. Rührt man eine Tasse Tee, in der noch einige Teeblätter schwimmen, kräftig in eine Richtung um, dann sammeln sich alle Tee-flankerl in der Mitte. Genau so würde sich schweres Eisenerz in der Mitte von Wasser-Rohrleitungen halten, wenn das Wasser einen genügend starken Drall erfährt. Er hat vorgeschlagen, zwischen Eisenerz und Donawitz eine derartige Pipeline zu installieren. Das Erz würde, ohne die Rohr-Wandungen jemals zu berühren, äußerst materialschonend und insgesamt kostengünstig transportiert werden.

Betrachten wir nun das Wasser selbst. Wenn es nicht dazu hergenommen wird, andere Materialien wie etwa Holzstämme oder Gesteinsbrocken zu transportieren. Stellen wir das Wasser selbst in den Mittelpunkt unserer Betrachtungen. Wie will Wasser fließen, wie will es bewegt werden?

Sicher nicht in geraden, zylindrischen Rohren. Wasser fließt in der freien Natur niemals schnurgerade sondern immer in Kurven, in Mäandern. Und selbst innerhalb eines Gewässers kommt es ständig zu Verwirbelungen und Einrollungen. Viktor Schauberger prägte für diese eigenartige Bewegung die Begriffe „planetare" beziehungsweise „zykloide Raumkurvenbewegung".

Wenn also das Wasser nicht gerade fließen will - und, sobald es freigelassen wird, gar nicht gerade fließen kann –, warum zwingt man es dann, sich in engen, zylindrischen Rohrleitung unter hohem Druck von A nach B begeben zu müssen?

Viktor Schauberger kam eine einfache wie auch einleuchtende Idee. Wenn Wasser eine schraubenartige oder eher spiralige Bewegung bevorzugt, weshalb geben wir ihm nicht eine derartige Wandung?

Ein großes Vorbild der Natur ist das Horn der Kudu-Antilope. Eine Raumkurve, die in sich zusätzlich gedrallt geformt wird.

Bei einer Untersuchung von verschieden geformten Wasserrohren an einer Technischen Hochschule ist seinerzeit ein Phänomen gemessen worden, das die Phantasie vieler Techniker beflügelt hat und jetzt immer mehr anregt.

Bei bestimmten Durchflussbedingungen wird die Reibung im nach Schauberger-Methode gedrallten Rohr immer geringer. Bei einem Versuch soll sogar „negative Reibung" aufgetreten sein. Auf das Wasser musste kein Druck mehr ausgeübt werden, um es durch die Leitung zu führen.

Heute gibt es Neuentwicklungen, sei es auf dem Gebiet der Spiralrohre für die Installation im Hausbau, sei es bei Einbauten von sogenannten Leitelementen oder Energiekörpern in Fließgewässern, die zum Beispiel mithelfen, selbsttätig Geschiebe abzutransportieren.

Um ein anschauliches Beispiel zu geben, wie sich die Natur das richtige Leiten von Flüssigkeiten gedacht hat, brachte Schauberger diesen Vergleich:

> „Man beobachte den eigenen Handrücken und stelle sich vor, was die Stoffwechselvorgänge machen würden, wenn man die verästelten Groß- und Kleinblutgerinne auch - nach hydraulischen Gepflogenheiten schnurgerade ausrichten und auf dem kürzesten Weg den Fingerspitzen zuführen würde.
> Das Fingerspitzengefühl ginge jedenfalls sehr bald zum Teufel. Und wo einmal dieses fehlt, dort ist es mit jedem Gefühl zu Ende."

Aus: Viktor Schauberger
Expansion kontra Explosion, 1943

Erfreulich ist, dass mittlerweile die Wissenschaft gar nicht mehr so von oben herab auf die Erkenntnisse von Viktor Schauberger blickt. So ist jüngst an dem renommierten Leichtweiss-Institut für Wasserbau an der TU Braunschweig eine studentische Arbeit über „Flussbau nach Viktor Schauberger" entstanden. Eine der Grundüberlegungen meines Großvaters, die auch die Wissenschaftler des Instituts fasziniert: Einen Fluss reguliert man nie von seinem Ufer aus sondern vom Medium selbst. Also durch Be-ein-flussung des Wassers selbst und damit seines Laufes. In dieser Arbeit wird auch ein österreichischer Wasserbauer angeführt, der nach den Auffassungen Schaubergers versucht, Flüsse naturgerecht zu regulieren. Wassermeister Otmar Grober von der Baubezirksleitung Bruck an der Mur hat zum Beispiel in einem obersteirischen Fluss, der Salza nahe Mariazell, an einer Stelle, wo das Hochwasser ein Stück des Ufers weggerissen hat, diesen Uferanriss als Beginn einer großen Spirale erkannt. Er ließ große Felsblöcke und Steine in Form einer Spirale ins Wasser setzen. Nunmehr rollt sich das Wasser in der Flussmitte ein und greift somit das Ufer an dieser Stelle - auch bei Hochwasser - nicht mehr an.

Zum Thema Hochwasser noch einige Anmerkungen - denn die nächsten Jahrhunderthochwässer kommen bestimmt. Und leider immer öfter.

Einst stimmte ja noch der Begriff „Jahrhunderthochwasser". Eines ist vielen noch in Erinnerung - jenes aus dem Jahr 1954.

Was heute langsam zur Gewissheit wird und von manchen zugegeben wird, hat mein Großvater schon vor 50 und mehr Jahren aufgezeigt: dass - abgesehen vom Zubetonieren immer größerer Flächen - die Verdichtung der Acker-Böden durch schwere Maschinen und die Verstopfung der feinsten Kapillaren des Bodens durch Kunstdünger zu einem rascheren und gleichzeitigen Abfließen großer Wassermassen führt. Damit entstehen enorme Hochwasserspitzen. Denn die Speicherfähigkeit des Bodens ist nicht mehr gegeben.

Den größten Fehler hat man jedoch durch das Abholzen großer Flächen, also durch Kahlschläge verursacht. Viktor Schauberger in einem Brief aus dem Jahre 1954:

> „Die Donau hat ein Einzugsgebiet von ca. 46 000 Quadratkilometern auf bayrischem Gebiet. Hätte man bloß den sechsten Teil der seinerzeitigen Bestockung gelassen, dann wären ca. 180 Millionen Kubikmeter Regen-

> wasser zurückbehalten worden und die kürzlich so enormen Schaden anrichtende Hochwasserkatastrophe wäre überhaupt nicht möglich gewesen."

Mittlerweile hat man nachgewiesen, dass ein gesunder Waldboden bis zu sechs Mal mehr Regenwasser zurückhalten kann als eine frei liegende Fläche.

Zusammenfassend lässt sich sagen, dass uns die Natur unermüdlich vorzeigt und vorlebt, wie es eigentlich gehen müsste und sollte. Sicher nicht so, wie die Menschheit bisher gefuhrwerkt hat auf diesem einzigartigen Planeten.

Wenn mein Großvater gefragt wurde, wie man es denn richtig machen sollte, dann meinte er, genau andersrum als die vorherrschende Technik.

„Man muss nur um 180 Grad andersrum denken"

Viktor Schauberger

Und da wäre noch sein k & k Prinzip. Man muss die Methoden der Natur zuerst verstehen lernen und sie dann sinngemäß umsetzen. Also – Die Natur kapieren und kopieren.

Und die Wasserforscherin, die morgen bei der Paracelsus Akademie vortragen wird, Dr. Joan Davis, hat diesem Spruch bei einem Seminar an unserem Institut in Bad Ischl ein drittes k hinzugefügt ... man muss mit der Natur auch kooperieren.

Bevor ich mich für Ihre Kooperation – Ihre Aufmerksamkeit – bedanke, darf ich noch einige zusammenfassende Gedanken formulieren und meinen Großvater zitieren. In seinen Wasserbetrachtungen kommt Viktor Schauberger auch auf andere Wasser-Forscher, -Anwender, -Revolutionäre und -Visionäre wie Prießnitz oder Kneipp zu sprechen. Mehrmals zitiert er Goethe oder auch den Namensgeber Ihrer Akademie. Ich habe eine Stelle aus einem Aufsatz Viktor Schaubergers ausgewählt.

> „Auch das medizinische Heilwesen wird grundsätzliche Veränderungen erfahren. Wirklichkeit wird, was Paracelsus ahnte: Es wird einen spezifischen Grundstoff geben, der jede Krankheit schon im Keime erstickt. Die Menschen werden keine Krankheiten kennen und in dieser Hinsicht lebensfreudig werden. Wüsten werden wieder urbare Bodenflächen werden. Wo einst Milch und Honig floss hat der Mensch durch seine sinnlose Habgier Öden geschaffen, aus denen das Wasser floh. Es konnte sich als Entwicklungsursprung weder fort- noch aufpflanzen, weder vermehren noch qualitativ steigern. So musste es sich zum gefährlichsten Erbgut entwickeln. Die Felder verödeten, der edelste Hochwald, der natürliche Frischblutspender, musste langsam und sicher sterben."

Aus heutiger Sicht kann man zur Einsicht kommen, dass dieser eine Stoff, der das Wunder vollbringen kann, jedwede Krankheit zu heilen, das Ur-Element Wasser ist.

In diesem Sinne darf ich noch einmal Viktor Schauberger zitieren – auch um zu zeigen, dass er nicht nur ein Warner und ein Pessimist gewesen ist, was unsere Zukunft anbelangt. Er war auch ein Optimist, wenn er anmerkte:

> „Noch ist es nicht zu spät, noch haben wir Wasser. Pflegen wir doch endlich diesen Lebensspender und alles wird von selbst wieder gut werden!"

Aus: Viktor Schauberger
Unsere sinnlose Arbeit, 1933

Herzlichen Dank für Ihre Aufmerksamkeit.

Moderator Werner Freudenberger:

Mag. Jörg Schauberger, vielen Dank für diese Ausführungen. Viktor Schauberger - ein Visionär, dessen Aussagen heute gültig sind wie eh und je. Das heißt eigentlich in der heutigen Zeit noch an Brisanz gewonnen haben. Mir ist etwas eingefallen. Dieses System der Aufbereitung ist mir auch als System der Abbereitung, wenn man so sagen kann, geläufig. Es gibt auch Techniken, bei denen das Abwasser auf diese Weise gereinigt und entsorgt werden kann, ohne das man Chemie verwendet und ohne dass man komplizierte Filteranlagen baut, sondern diese Schwingungen, in die das schlechte Wasser versetzt wird, tragen dazu bei, dass es schneller aufbereitet wird. Ist das auch ein Ansatz dem Schauberger zu Grunde liegt?

Referent:

Ja und nein. Mein Großvater hat sich bereits 1935 schon viele der Gedanken gemacht, die man sich heutzutage bei der Wasserbelebung und Wasseraufbereitung macht. Also, er hat schon sehr viel vorausgedacht. Er hat von sich selbst auch gesagt, er sei ein Mann oder ein Mensch, der einhundert Jahre im Voraus lebe. Er hat gemeint, er sei eigentlich noch zu früh dran mit vielen Dingen, wollte aber immer drauf aufmerksam machen. Ein kleines Beispiel. Bei Kläranlagen nimmt man eine Schicht Schotter und lässt das Wasser durchfließen. Man hat dadurch schon eine gewisse Reinigung erreicht und nennt das ganze Schotter- oder Sandfilter, aber das kann kein Filter sein. Stellen Sie sich die großen Steine vor. Was macht das Wasser dadurch? Es verwirbelt sich, es dreht sich ein, es rollt sich ein und kommt unten sauberer raus. Also ein Filter im herkömmlichen Sinn kann so ein Schotterbett nicht sein. Es muss also irgendetwas anders sein.

Publikum:

Sie beteiligen sich also jetzt wieder aktiv an der Forschung oder am Wiedererkennen der Forschungsergebnisse ihres Großvater? Oder wie könnte man das ausdrücken?

Referent:

Wir haben in Bad Ischl, im Salzkammergut das Schauberger-Archiv. Wir haben jede Menge Originalschriften von Viktor Schauberger und von seinem Sohn Walter in langen Ordnerreihen gesammelt und versuchen zu koordinieren, was es da an Veröffentlichungswürdigem gibt. Ich arbeite im Moment gerade an einem Buch mit Wassertexten von Viktor Schauberger, einige der Zitate, die ich heute verwendet habe, stammen bereits aus dieser Arbeit.

Publikum:

Ich hab das Buch, das Sie da vorne liegen haben, gelesen und da ist kurz der Ursprung des Wassers angeschnitten worden. Ich hoffe, dass ich es halbwegs wiedergeben kann. Es steht da, dass das Wasser im Prinzip aus den Gesteinen stammt. Also, dass sich praktisch unter der Erde, unter hohem Druck die Elemente Wasserstoff und Sauerstoff gelöst haben, und dadurch erst das Wasser entstanden ist.

Referent:

Es gibt bei Viktor Schauberger die Überzeugung, dass es eine Urzeugung des Wassers gibt. Unter ganz speziellen Gesichtspunkten kann sich Wasser neu bilden, aufgebären, wie er sagt, aber da muss schon was an Wasser vorhanden sein oder es müssen die notwendigen Elemente da sein, vor allem auch ein spezieller Bewegungsanstoß. Er spricht vom halben und vom ganzem Kreislauf: Der halbe Kreislauf bedeutet, dass das Wasser durch den Regen auf die Erde fällt, es fließt oberflächig in den nächsten Fluss ab, verdunstet und bildet wieder Wolken. Hingegen, das gute Wasser, das wir aus der Hochquelle empfangen, sickert in den Boden ein, es steigt dann selbstherrlich, wie er sagt, im Berg auf und kommt im Gebirge aus der Hochquelle heraus. Wie kann das sein? Das ist unerklärlich weil es ein irrsinnig kaltes Wasser ist. Das widerspricht allen physikalischen Gesetzen. Normalerweise würde das warme Wasser oben sein und das kalte unten. Nein, das kalte Wasser kommt oben heraus. Also, auch nicht erklärbar mit der herkömmlichen Wissenschaft. Viktor Schauberger hat sehr wohl seine Theorien dazu, aber es würde jetzt ein bisschen zu weit führen, diese ganzen Kreislaufe zu beschreiben.

Publikum:

Könnte man sagen, das ist so eine Art Reifeprozess?

Referent:

Reifeprozess! Ein sehr gutes Stichwort. Er spricht auch von reifem Wasser und von juvenilem Wasser. Er spricht auch davon, dass man Wasser oder andere Bodenschätze an sich nicht aus der Erde holen sollte, weil sie aus gutem Grund dort drinnen sind. Man sollte artesische Brunnen und Quellen bevorzugen oder für andere Zwecke Oberflächenwasser. Aber man sollte nicht runterbohren und etwas herausholen was nicht an der Erdoberfläche sein will. Genauso auch, nebenbei bemerkt, bei der Landwirtschaft. Beim Pflügen wird die Erde bis zu 30 Zentimeter Tiefe gewendet, wodurch Mikroorganismen dann plötzlich an der Oberfläche sind, die sind aus gutem Grund dreißig Zentimeter tief unten gewesen. Und die, die an der Sonne waren, sind auf einmal da unten und können nicht mehr existieren. Da hat Viktor Schauberger Überlegungen gehabt, Pflüge zu konstruieren, durch die das Erdreich eine Drehung um 360° vollzieht und die Erde wieder genauso hingelegt wird, wie sie vorher gelegen ist.

Publikum:

Wir haben gehört, dass es bei Aufbereitungsanlagen im Prinzip immer auf die Wirbelbewegung ankommt. Heißt das, dass aus jedem Wasser, wenn man die Wirbelbewegung einbringt, wieder gutes Quellwasser hervorgeht?

Referent:

So einfach ist es leider nicht, denn auch Viktor Schauberger ist von vorher gereinigtem Wasser ausgegangen und hat dann in seinen Apparaten verschiedene Zusätze beigefügt, er hat verschiedene Bewegungen und verschiedene andere Aspekte berücksichtigt, die in der Natur auch eine Rolle spielen. Vielleicht schauen wir uns das einmal von der anderen Seite an. Ein Grund, dass es zu so vielen sogenannten Naturkatastrophen kommt, ist zum Beispiel, dass sich die Natur selber oder der Organismus Erde und das was ihn umgibt, reinigen möchte. Daher kommen Hochwässer, daher kommen immer mehr Wirbelstürme. Ich stell das jetzt nur so in den Raum, man könnte sich vorstellen, dass die einzige Methode, die das Wasser und die die Luft haben, den ganzen Dreck loszuwerden, dieses Wirbelprinzip ist. Diese ganzen Wirbelwinde entstehen aufgrund der Überhitzung der Atmosphäre und der Überfrachtung der Luft mit Dingen, die da nicht hingehören. Die Natur versucht so, das alles loszuwerden. Vielleicht gibt es auch deswegen die Hochwässer, damit sich das Wasser einmal befreien kann. Dass man bei der künstlichen, maschinellen Wasserreinigung einfach nur verwirbelt, das ist zuwenig. Viktor Schauberger schreibt auch, dass man keine Staudämme bauen sollte, denn er sagt, das Geschiebe, das der Gebirgsbach in den Fluss mitbringt, diese Steine, der Sand, diese ganz feinen Mineralien und diese Schwingungen sind die Wegzehrung des Flusses. Wenn eine Staumauer gebaut wird, landet das ganze Geröll dort und kann sich nicht mehr weiterbewegen. Das Wasser wird durch Turbinen geschickt und fließt dann in ein Bachbett oder Flussbett, wo ihm diese ganzen Mineralien fehlen. Es versucht, diese wieder „zurückzubekommen“ und dadurch entstehen diese Schäden, die Anrisse des Ufers und die Auswaschungen. Victor Schauberger sagt auch, das Wasser wird dann charakterlos und bösartig. Man wundert sich, aber nach seiner Auffassung kennt die Natur nur mittelbare Wege. Das heißt, ich kann das Wasser einsperren, kanalisieren, aber siebzig Kilometer weiter wird es dort, wo es die

Möglichkeit bekommt, auf einmal ausbrechen und sich das zurückholen, was man ihm genommen hat - die Freiheit und die Wegzehrung. So könnte man das auch in der Wasseraufbereitung des Qualitätswassers für die Menschen sehen. Wenn ich nur destilliertes Wasser trinke oder nur ein von allen Mineralien befreites Wasser, dann holt sich das Wasser aus unserem Körper diese zurück. Für irgendwelche Kuranwendungen kann derartiges Wasser gut sein, aber nicht auf Dauer, da in unserem Körper Ähnliches passiert, wie in der freien Natur, wenn ich dem Wasser alles wegnehme, was es mittransportiert hat.

Publikum:

Darf ich auch noch etwas dazu erzählen. Voriges Jahr war Nettingsdorf von dieser großen Hochwasserkatastrophe betroffen. Man hat damals den Bach besorgt beobachtet, ob das Wasser anzusteigen beginnt, doch das Hochwasser ist von der ganz anderen Seite gekommen, weil dort das alte Bachbett war. Der Flusslauf wurde verändert, begradigt. Ich habe das zufällig miterlebt und ich finde es äußerst interessant, dass der Bach sich wirklich den alten Flusslauf geholt hat. Beim Hochwasser hat er eben die Möglichkeit dazu gehabt.

Referent:

Ja. Ein ähnliches Beispiel hat uns ein Mitarbeiter der Donaukraftwerke in Niederösterreich gebracht. Er ist verantwortlich für die verschiedenen Staustufen von Persenbeug bis Hainburg. Er hat erzählt, der Schotter, der von der Staumauer gestoppt wird, muss immer ausbaggert werden. Es wurden Echolotmessungen vorgenommen und man könnte glauben, der Schotter legt sich einfach dort an, aber man hat gemerkt, dass sich der Schotter im Laufe der Zeit eintieft und genau diese Mäanderstruktur hat, wie die Donau früher verlaufen ist. Die Donau hat sich sozusagen selber nachgezeichnet. Nach ihrer „Erinnerung“ an das ursprüngliche Bett.

Publikum:

Ich könnte mir vorstellen, dass das Wissen über das Wasser, das wir heute von Ihnen bekommen haben, sicher in den letzten Jahrhunderten verschwiegen worden ist, um andere Energiearten sozusagen hoffähig zu machen. Wurden da die Leute, die das Geheimnis dieser Kräfte, die im Wasser stecken, nicht auch erbittert verfolgt? Wie sehen Sie das?

Referent:

Ja, sie sprechen das in wenigen Sätzen aus, was mein Großvater ein Leben lang erdulden musste. Es hat von Amts wegen immer Widerstände gegeben. Die beamteten Wasserfachleute haben sich von ihm zumindest auf den Schlips getreten gefühlt. Von einigen ist er nur belächelt worden und von den anderen ist er bekämpft worden.

Moderator Werner Freudenberger:

Wir werden jetzt eine kurze Pause machen. Herr Mag. Schauberger wird auch an der Podiumsdiskussion teilnehmen. Falls also noch Fragen offen sind, können sie diese dann auch noch im Rahmen der Diskussion vorbringen.

Vielen Dank Herr Mag. Schauberger für diesen interessanten Vortrag.

Vortrag Paracelsus Akademie Villach
Abschlussvortrag Samstag 24. Mai. 2003

Dr. Joan S. Davis

Ist Wasser mehr als H_2O? Das Lebenselement zwischen Mythos und Molekül

---

Vielen Dank für die Einladung. Ich schätze es sehr, in dieser Umgebung an diesem Symposium teilnehmen zu können. Bei diesem Beitrag ist mir klar, dass Ihnen schon vieles bekannt ist. Ich werde aber versuchen, das Vertraute von einer anderen Seite darzustellen. Ich hoffe, dass es Ihnen dadurch ermöglicht wird, mit Ihrem Wissen anders umzugehen und neue Zusammenhänge ums Wasser zu erkennen.

Was ist das, was uns an Wasser bewegt? Warum sind wir so fasziniert? In vielen Fällen ist es die Kraft, die uns beeindruckt. Aber auch viele andere Beweggründe spielen mit. Gründe die mit seiner Schönheit, mit seiner Gestaltung der Landschaft zu tun haben. Oder mit der Ruhe, wie wir sie an einem Ort mit Wasser spüren. Ja, Wasser beeindruckt uns auf vielfältige Weise. Die Faszination spüren wir immer wieder. Und Respekt oder Ehrfurcht diesem Lebenselement gegenüber? Das scheint weniger der Fall zu sein. Schade: ohne Respekt, bleiben wir weniger motiviert, Wasser zu schützen, schonend zu benutzen. Zum Glück kann schon ein tieferer Einblick in die Bedeutung des Wassers für das Leben, für den Respekt fördernd wirken. Die vielschichtige Information, die im Rahmen dieser Veranstaltung angeboten wird, bietet einen wichtigen Schritt auf diesem Weg.

Im Laufe dieses Beitrags möchte ich mehreren Fragen zum Thema Wasser nachgehen. Die erste wurde bereits in den Raum gestellt: Was bewegt uns, beeindruckt uns am Wasser? Und was beeindruckte die Menschen in der Vergangenheit? Was beschäftigt und bedrückt die Wissenschaft, wenn es ums Wasser geht? Welche physikalischen Einflüsse erlebt das Wasser in der Natur? Wie wirkt Wasser als Empfänger und Vermittler lebenswichtiger Signale? Lassen die Eigenschaften des Wassers - wir kommen noch auf ein paar davon zu sprechen - auf eine Art „Intelligenz" schließen? Wie können wir seine Bemühungen nach Lebendigkeit unterstützen?

Was bewegt uns, beeindruckt uns denn an Wasser? Sicherlich seine Kraft, wie zum Beispiel an einem Wasserfall wahrzunehmen ist. Weniger Acht schenken wir aber den subtilen Eigenschaften, welche dem Wasser seine lebensnotwendige Rolle verleihen. Was den Mensch beeindruckt ändert sich mit der Zeit. In den alten Kulturen zum Beispiel waren die verschiedenen Erscheinungsformen auch ein faszinierender Aspekt. Das Wasser verdampft, verschwindet, kommt wieder, einmal in fester Form, einmal in flüssiger Form. Faszinierend... und zu der Zeit auch respektfördend.

Es waren manche Gründe, die heute nicht so wahrgenommen werden, welche den Respekt förderten. Darunter auch Heilwasser. Auch wenn wir heute noch Interesse daran haben, genießt es kaum die allgemeine Akzeptanz, die es einmal hatte. Werfen wir einen Blick noch weiter in die Vergangenheit und betrachten die Schöpfungsgeschichte, dann erkennen wir, dass für manche Religionen und Kulturen, Wasser wird als das „Erste" betrachtet wird. So ist es auch in der Bibel zu lesen. Längst ist Wasser auch als das wichtigste Element für das Leben bekannt: Manche Lebensformen kommen ohne Sauerstoff aus, aber keines ohne Wasser. Die Lebensnotwendigkeit gehört zu der Basis seiner weitreichenden Bedeutung auf der symbolischen Ebene durch alle Zeiten hindurch. Diese sehen wir in den Mythen, wie auch in vielen Religionen. Die Rolle in der Taufe ist uns ein bekanntes Beispiel. Mehrere Bedeutungen können darin erkannt werden. Die Assoziation mit der Seele ist heute, wie auch in der Vergangenheit, auf verschiedenen Arten zu erkennen. Zum Beispiel bei den Alt-Ägyptern, bei denen Wasser mit ins Grab gegeben wurde – als Begleitung für die Seele ins nächste Leben. Diese begleitende Rolle des Wassers trug zu dem Respekt und der Ehrfurcht bei, welche das Wasser in diesen Kulturen erlebte.

Alte Kulturen bedienten sich mehrerer Möglichkeiten, das Wichtige für das Leben zu schützen. Mythen waren dafür sehr wirksam: sie wirkten wie Schutzhüllen. Gegenüber Gesetzen, wie wir sie heute haben, hatten sie einen enormen Vorteil: wenn Götter und Göttinnen die „SchützerInnen" sind, stellt sich eher das Positive in den Vordergrund: man will gut in den Augen dieser Wesen stehen... und somit verhält man sich positiv gegenüber dem Geschützten. Gesetze bewegen anders: sie geben nur an, was wir nicht tun dürfen, nicht aber, was wir unbedingt tun müssen.

Und wenn es um die Wissenschaft geht, was beschäftigt und bedrückt sie am Wasser? Die Tatsache, dass Wasser sich nicht so verhält, wie die Wissenschaft einschätzt (zum Beispiel „falscher" Schmelzpunkt und Siedepunkt) beschäftigt zwar die Wissenschaft, jedoch mit dem Begriff „Anomalien" (abnormales Verhalten) haben sie das „Fehlverhalten" fast beiseite gelegt. Erst in letzter Zeit kommen Anomalien wieder unter die Lupe der Forschung.

Kommen wir zum Gedächtnis des Wassers. Hier erleben wir eine weitere Ablehnung seitens der Wissenschaft. Da das Gedächtnis auf der Basis des heutigen Verständnisses des Wassers kaum erklärt werden kann, wird es verneint. Dies obwohl die Homöopathie, wie auch die Wirkung der Heilwasser für die Akzeptanz sprechen. Auch manche Forschungsarbeiten unterstützen die Akzeptanz. In diesem Zusammenhang wurde ein Bericht über die antibakterielle Wirkung eines Heilwassers (Barèges) bekannt. Er gibt Einblick in die Zusammenhänge zwischen dem Gedächtnis des Wassers und der Wirkung eines Heilwassers. Bekannt war es schon, dass manche Heilwasser eine antibakterielle Wirkung haben können: Bakterien wachsen nicht drin, auch wenn Nährstoffe vorhanden sind. Da aber solche Heilwasser manchmal einen ziemlich hohen Schwefelgehalt haben, wurde vermutet, dass Schwefel, der selbst antibakteriell wirken kann, der Wirkungsfaktor war. Ob das der Hauptgrund war, wurde untersucht. Das Wasser wurde verdünnt, bis Schwefel nicht mehr feststellbar war. Das Wasser behielt trotzdem seine antibakterielle Wirkung. Das heißt, diese Wirkung ist nicht auf eine Substanz (Schwefel) zurückzuführen, sondern auf die „Information“, die im Wasser vorhanden ist - wie bei hohen homöopathischen Verdünnungen.

Viele Labor-Versuche bestätigen auf unterschiedlichste Art, dass das Verhalten des Wassers durch sehr subtile Einwirkungen beeinflusst wird. An der Universität Milano wurde gezeigt, wie die Energie, die von den Händen ausstrahlt, ausreicht, um die Kolloidstrukturen einer Goldchloridlösung zu ändern. Da dies gleichzeitig zu Farbänderungen der Lösung führt, kann der Einfluss mit einem Spektrophotometer verfolgt werden. Wie stark das Energiefeld der Versuchsperson ist, bestimmt über das Ausmaß und die Art der Farbänderungen.

Wir brauchen jedoch nicht nur auf Laborversuche zu schauen, um zu erkennen, dass subtile Einflüsse das Verhalten des Wassers ändern. Dafür gibt es genügend Beweise in der Natur. Bekannt sind die Einwirkungen des Monds, der Sonnenflecken Aktivitäten, Planetenkonstellationen, oder eine Sonnenfinsternis. Durch diese meist fluktuierenden Einflüsse ändern sich die Eigenschaften des Wassers fortlaufend. Dies ist natürlich nicht ohne Konsequenzen für Versuchsergebnisse, vorallem dadurch, dass es die Reproduzierbarkeit gefährdet, was ein weiteres Problem für die Wissenschaft verursacht. Da die Reproduzierbarkeit ein wichtiges Kriterien für die Wissenschaft ist, ist die Arbeit am Wasser eine besondere Herausforderung. Auch die einfachsten Beobachtungen liefern Stolpersteine... wie zum Beispiel Schneeflocken. Bis jetzt wurden keine gleichen Schneeflocken gefunden. Eine Erklärung wäre darin zu finden, dass Wasser ein Gedächtnis hat... und somit die unterschiedlichen Einflüsse, die es erlebt, speichern kann: ob das Wasser aus einem Baum, oder aus einem siedenden Kochtopf verdampft, dürfte einen Einfluss darauf haben, wie die Wassermoleküle angeordnet sind. Und somit auch, wie sich die Kristallstruktur der Schneeflocken entwickelt. Da aber ein Gedächtnis noch nicht als Grund akzeptiert wird, fehlt es vorläufig an einer Erklärung.

Greifen wir nochmals die Anomalien auf. Die folgende Auflistung lässt schnell erkennen, wie groß die Unterschiede zwischen den beobachteten und berechneten Werten sind.

Eigenschaft	**beobachtet**	**berechnet**
Siedepunkt	100°C	-100° C
Gefrierpunkt	0°C	-120° C
Oberflächenspannung	75 dyn/cm	7 dyn/cm
Dichte	1 g/cm^3	0,5 g/cm^3
Volumenänderung beim Gefrieren	Vergrösserung	Verkleinerung

All die Abweichungen von berechneten Werten sind für das Leben, wie wir es kennen, notwendig. Ein leicht nachvollziehbares Beispiel dieser Wichtigkeit ist am Verhalten des Volumens beim Gefrieren zu sehen: würde das Wasser beim Gefrieren schwerer, würde das Eis am Seeboden sich sammeln, und der See von unten zufrieren. Somit könnten die Lebewesen im See nicht den Winter, beziehungsweise einen zugefrorenen See überleben.

Das „Anschwellen" des Wassers beim Gefrieren spielt eine weitere wichtige Rolle: wenn das Wasser auf der Oberfläche von Steinen friert, entstehen Mikrosprengungen, wo durch Mineralien freigesetzt werden. Diese fließen mit Bächen und Flüssen bis ins Meer, wo sie kontinuierlich die Mineralien ersetzen, die aussedimentieren.

Man stellt sich natürlich die Frage, wie kann es sein, dass Wasser sich so unterschiedlich zu dem verhält, was die Wissenschaft berechnet? Eine Erklärung wird darin vermutet, dass die Struktur des Wassers lange Zeit nicht verstanden wurde, und somit nicht richtig in die Berechnung einbezogen worden ist. Die Wissenschaft hat lange Zeit die Wassermoleküle als nur kleine Strukturen, bzw. kleine Gruppierungen von H_2O betrachtet. Sind nur wenige Moleküle zusammen, sind die Möglichkeiten nicht gegeben, entsprechend auf die subtilen Einflüsse zu reagieren, wie es tatsächlich passiert. In letzter Zeit hat sich diese Betrachtung langsam geändert: größere Strukturen werden jetzt für die Berechnungen benutzt. Zunehmend geht man davon aus, dass bei Zimmertemperatur mehrere hundert Moleküle miteinander verbunden sind. Größere Cluster, im Vergleich zu kleinen Molekülen, haben ein anderes Verhalten, das heisst andere Möglichkeiten in den Strukturvarianten und somit andere Möglichkeiten, Information aufzunehmen. Mit diesen Eigenschaften sind Clusters kritisch, wenn es darum geht, auf die subtilen, physikalischen Einflüsse zu reagieren, und die Reaktionen über eine gewisse Zeit zu speichern („Gedächtnis").

Welche Einflüsse sind es, welche Wasser in der Natur erlebt? Und wie werden diese „Signale" aufgenommen und weitergegeben? Ein Blick darauf, wie diese subtilen Einflüsse benutzt werden, um den qualitativen Zustand des Wassers zu erhöhen, lässt fast die Frage aufkommen, ob eine Art „Intelligenz" im Wasser zu erkennen ist. Immerhin, das Wasser bedient sich jeweils der Möglichkeiten, sich von negativen Einflüssen zu erholen. Wenn das nicht der Fall wäre, hätten die Belastungen während der Milliarden von Jahren dauernd zugenommen... was kaum passend wäre für seine lebensnotwendige Rolle. Und was macht das Wasser, um sich von belastenden Substanzen - oder auch belastenden Strukturänderungen (wie z.B. durch hohen Druck in den Wasserleitungen) - zu erholen? Ein Hauptbeispiel ist seine Bewegung. Wenn es nur kann, fließt das Wasser in pendelartigen Bewegungen. Das sehen wir in jedem frei fließenden Bach. Von der Wichtigkeit dieser Bewegung haben wir jedoch zu wenig verstanden, und manche Bäche in gerade laufende Kanäle umgewandelt. Dies hat die Erholungsfähigkeit des Wassers schwer beeinträchtigt... was unter anderem an der Eutrophierung (hohes Algenvorkommen) in den Gewässern zu erkennen ist. Forschungsarbeiten haben bestätigt, dass allein wie das Wasser sich bewegt, eine Rolle in dieser Erholung spielt. Offensichtlich hat das Hin- und Her- „Pendeln" Konsequenzen für das Wachstum der „Reinigungslebewesen" im Wasser, welche die belastenden Substanzen abbauen. Obwohl die positive Reinigungswirkung auch mit der erhöhten Sauerstoffaufnahme (durch die Pendelbewegung) zusammenhängt, ist dies nicht der alleinige Grund. Es entsteht offensichtlich auch eine Art „Aktivierung", welche den Reinigungs-Organismen zugute kommt.

Auch andere physikalische Einwirkungen bringen Faszinierendes ans Licht: zum Beispiel Schwingungen und Schall. Die Ausstellungsfotos von Alexander Lauterwasser lassen beeindruckend erkennen wie stark, wie differenziert Wasser auf diese physikalischen Einflüsse reagiert. Die Bilder machen es leicht nachvollziehbar, warum wir so stark auf Musik reagieren: Wasser, woraus wir zu mehr als 70% bestehen, ist ein Vermittler der Schwingungen. Wie unterschiedlich die Reaktionen des Wassers sein können, ist den Bildern zu entnehmen. Besonders starke Kontraste sind die Bilder der Wirkung eines tibetischen Gongs, oder „harter Musik". Beim ersten strahlt das Wasser eine schöne Koherenz aus. Beim zweiten sieht das Wasser eher durcheinander und sehr unruhig aus.

Aus der Forschung über die Wirkungen von Schwingungen bei Lebewesen ist in letzter Zeit Interessantes zu lesen. Untersucht wurde, ob das Schnurren bei Katzen einem „vernünftigen" Zweck dient. Wir wissen, Knochen heilen besonders schnell und gut bei Katzen. Man sagt auch, Katzen haben neun Leben. Gibt es einen Zusammenhang mit dem Schnurren? Um diesem nachzugehen, wurde eine Tonaufnahme von Katzenschnurren gemacht und Hunden, die gebrochene Knochen hatten, vorgespielt. Und siehe da: die Hundeknochen heilten auch schneller.

Auch statische physikalische Einflüsse prägen die Eigenschaften des Wassers, und somit sein Verhalten. Eine besonders wichtige Wirkung haben Mineralien. Das Wasser begegnet Mineralien, wenn es durch den Boden fließt. Die Mineralien werden aufgenommen (bildet die Wasserhärte), und beeinflussen somit auch Struktur und Verhalten des Wassers. Wie stark der Einfluss auf das Verhalten des Wassers sein kann, ist in einem einfachen Versuch zu erkennen. Wasser (v.a. wenn eher „hart") zum Sieden gebracht und in einer Glasschale zum Abkühlen stehengelassen, zeichnet sich mit einem Ausfall der Mineralien aus. Legt man aber einen kleinen Bergkristall in das Wasser, lässt es sieden, dann in einer Schale (mit dem Kristall noch darin) abkühlen, fallen die Mineralien nicht aus. Recht erstaunlich, wenn man denkt wie stark die

Temperatur, und auch das elektromagnetische Feld (der Kochherd) das Wasser sonst prägen.

Worauf basieren die verschiedenen Verhaltensänderungen, die beobachtet werden? Vermutlich ist der Haupteinfluss auf die Größe der Wassercluster: wie viele Wassermoleküle mit einander verbunden sind. Dies bestimmt wiederum manche Parameter, die gemessen werden können, darunter Oberflächenspannung, Leitfähigkeit, NMR (nuclear magnetic resonance), Sauerstoffgehalt, Mineralgehalt. Andere Indikatoren sind jedoch gefragt, wenn wir wissen wollen, was mit dem Wasser in Lebewesen passiert. Wird auch das Wassers des „Innenlebens" geändert? Zum Beispiel, wenn der Mond seinen schwachen Einfluss ausübt? Eine neue Forschungsarbeit legt die Einsicht nah, dass der Einfluss des Mondes zum Beispiel auf Holz („Mondholz") in der Tat auf Änderungen in dem Zellwasser des Holzes zurückzuführen ist: nicht nur Bäume im Wald dehnen sich aus im „Mondtakt", sondern längst gefällte Holzstämme machen dies auch... ohne dass sie Kontakt mit dem Boden, bzw. ohne dass sie einen aktiven Saftfluss haben. Die unterschiedlichen Holzeigenschaften - je nach dem zu welcher Mondphase und Planetenkonstellation das Holz gefällt wird - finden zunehmend Anerkennung im Holzbau. Und die Berücksichtigung der Mondphasen für Pflanz- und Erntezeiten (nach Maria Thun) in der Landwirtschaft werden seit langem benutzt. Der richtige Zeitpunkt der Ernte unterirdischer oder oberirdischer Gewächse hat eine große Auswirkung auf deren Haltbarkeit. In anderen Kulturen ist die Berücksichtigung der Mondphase bei der Pflanzzeit ein wichtiger Teil der traditionellen Landwirtschaft.

In diesem Zusammenhang sind neuere Forschungen an der Eidg. Technische Hochschule in Zürich und an der Fachhochschule in Biel relevant. Untersuchungen im Zusammenhang mit der Mondphase bei der Baumpflanzung (von Maesopsis eminii; Nord-Afrika) zeigten, dass dies stark das Wachstum (bis 100%) wie auch die Widerstandsfähigkeit des Baumes prägt. In den untersuchten Monaten wurde der Vergleich zwischen kurz vor Vollmond (stärkeres Wachstum) und kurz vor Leermond gemacht. Auswertungen lassen erkennen, dass neben den Mondphasen auch die Planetenkonstellationen eine wichtige Rolle spielen.

Nicht nur in der Welt der Pflanzen, auch in der tierischen Welt ist der Einfluss von Mondphasen erkennbar. Beispielsweise ist die Gefahr einer Verblutung bei Operationen ein paar Tage vor Vollmond höher, als sonst im Monat. Diese Erkenntnis wird zum Teil in Spitälern benutzt, die offen zu schulmedizinischen Alternativen sind.Das gleiche Wissen bezüglich Verblutungsgefahr kurz vor Vollmond wird in der Tierzucht, bzw. Fleischproduktion benutzt: dieses Zeitfenster ist eine bevorzugte Schlachtzeit: die Tiere bluten besser aus, was zur Qualität des Fleisches beiträgt.

Ein weiterer praktischer Hinweis bezüglich des Einflusses auf das Wasser ist in seinem unterschiedlichen Verhalten nach der Erwärmung mit verschiedenen Wärmequellen zu finden. Dieses Ergebnis ist den Untersuchungen an der Fachhochschule Fulda zu entnehmen. Wenn Wasser erhitzt, abgekühlt und anschließend zum Begießen von Weizen-Keimlingen benützt wird, werden große Unterschiede ersichtlich... je nachdem, was als Wärmequelle benutzt worden ist: Holz, Gas, Strom und Mikrowellen wurden untersucht. Wasser mit Holz erhitzt wirkte weniger schädlich als von anderen Wärmequellen. Das mit Mikrowellen erhitzte Wasser schnitt bei weitem am schlechtsten ab. Nach einer kurzen, aber schnellen Wachstumsphase, machten die Keimlinge ein „v“, wovon sie sich nicht mehr erholten: ein Ergebnis, das uns ein Warnsignal betreffend der Benutzung von Mikrowellenöfen für Lebensmitteln gibt.

Auch von praktischer Bedeutung ist die Auswirkung von elektromagnetischen Feldern auf das Wasser. Besonders relevant ist diese Erkenntnis im Zusammenhang mit der Benutzung von Handys. An der Universität Stuttgart wurden Versuche gemacht, dessen Ergebnisse starke Unterschiede aufwiesen zwischen der unbehandelten und der den Handystrahlen ausgesetzten Wasserprobe. Der Methode war einfach: für die Kontrolle wurde ein Tropfen Wasser auf einen Objektträger gegeben. Nach der Trocknung bei Zimmertemperatur wurde es unter dem Mikroskop angeschaut. Am Rande der runden, getrockneten Tropf-Form, war ein dünner Ring von Mineralablagerungen. Die behandelte Probe dagegen (ca. drei Minuten der Strahlung eines Handys ausgesetzt) wies einen sehr dicken Rand auf: die Mineralien sind stark ausgefallen. Diese Versuche wurden auch mit Speichelproben gemacht. Bei der Speichelprobe nach Handybenutzung wurden starke Veränderungen in den Eiweißstrukturen festgestellt. Bekanntlich kann eine vermehrte Handybenutzung zu einer Zunahme epileptischer Anfälle führen. Aufgrund der obengenannten Versuchsergebnisse wird ein Zusammenhang denkbar.

Allmählich erkennen wir, dass die Wasserqualität nicht nur von der chemischen und mikrobiologischen Belastung abhängt, sondern auch von dem physikalischen Zustand des Wassers. Ziehen wir die Konsequenzen aus diesen Erkenntnissen, gilt es nicht nur, sich auf die Reinigung des Wassers zu konzentrieren, sondern auch die physikalische Qualität zu berücksichtigen. Wie vorher erwähnt, die Natur bedient sich der Bewegung, um beide Qualitätsarten zu steigern: die Verbesserung der physikalischen Qualität hat zur Folge, dass die Selbstreinigung gefördert wird, in dem belastende Substanzen abgebaut werden. Das Wasser geht jedoch noch einen Schritt weiter. Kommt ein Wasser, das „gut darauf" ist, in die Nähe von Wasser, dessen physikalischer Zustand nicht so gut ist, strahlt das gute Wasser eine erholende Wirkung auf das andere Wasser aus... auch ohne dass beide in Kontakt kommen. Wie erkennt man das? Bei der Forschung über physikalische Wasserqualität in England hat eine hellsichtige Forscherin beobachtet, wie die Energien aus einem Behälter guten Wassers hinüber flossen zu dem Wasser, das „schwach" war... und sein Energiebild änderte sich. Das Positive ist stärker... eine Beobachtung, die zu verstehen hilft, wie Wasser, in seinen Milliarden Jahren auf diesem Planeten, sich immer wieder hat erholen können. Dies dürfte uns nicht überraschen. Schließlich erleben wir Ähnliches: in einer Gruppe ist eine positive Laune ansteckender als eine negative... was auch als inhärente Überlebensstrategie gesehen werden kann. Diese Erkenntnis ist nicht ohne Bedeutung für unseren direkten Einfluss auf das Wasser, für unseren Beitrag zur Wasserqualität.

Pater Pausch hat dies angesprochen und es ist bereits gestern Abend mehrfach erwähnt worden. Auf dem direkten Weg – und darum geht es bei diesem Symposium in erster Linie – wirken wir selbst auf das Wasser, so wie wir sind. Gestern Abend war die Rede von der sehr positive Stimmung unter den Leuten hier: eine Stimmung, die Sie selber geschaffen haben. Die positive Stimmung, Einstellung können wir weiter geben. Somit wirken wir mit guten Energien auf andere Menschen, aber weiterhin auch direkt auf das Wasser. In diesem Sinne möchte ich nochmals zu Pater Pausch kommen. Er hat erwähnt, dass Jesus sagte, „Ich bin lebendiges Wasser". Wir alle sind lebendiges Wasser. Wir beeinflussen alles, was um uns ist, unsere Mitwelt und unsere Umwelt. In diesem Sinne sage ich danke, für all das, was Sie tun. Und auch danke für die Aufmerksamkeit.

Moderator Werner Freudenberger:

Wir bedanken uns recht herzlich, für diesen tollen Vortrag, Frau Dr. Davis. Und wir möchten Sie noch ein bisschen hier behalten, um einige Fragen, die aufgetaucht sind, beantworten zu können.

Publikum:

Ich möchte nur fragen, wie kann man sich das vorstellen, dass das Wasser intelligent ist. Hängt das mit der Clusterbildung zusammen?

Referentin:

Ich bin froh, dass Sie die Frage stellen. Ich bin auf dieses Thema nicht sehr genau eingegangen. Eine von den Eigenschaften des Wassers, die mir besonders imponiert hat, ist die Art der Bewegung, die es vorzieht. Eine Bewegung, welche das Wasser „aktiviert" und somit die lebensunterstützenden Eigenschaften des Wassers fördert. Dies hat zur Folge, dass Mikroorganismen belastende Substanzen schneller abbauen können. Die andere Eigenschaft, die mir fast „intelligent" scheint, ist die zum Schluss erwähnte Fähigkeit, gute Energien auszustrahlen, und somit „schwächerem" Wasser in der Nähe zu helfen. Ich glaube, von Wasser können wir gut lernen...

Publikum

Meine Frage geht in Richtung physikalischer Veränderung des Wassers. Wenn man das Wasser jetzt physikalisch, das heißt durch menschlichen Eingriff verändert und wenn man sagt, das Wasser sei so sensibel und so feinfühlig, beleidigt man es dann dadurch nicht? Jetzt kommt es erst einmal in enge Wasserleitungen und dann lassen wir es möglicherweise durch spezielle Aufbereitungsanlagen beziehungsweise -geräte fließen. Diese werden vielleicht noch von Menschen hergestellt und eingebaut, die keine energetische Beziehung zum Wasser haben. Machen wir da nicht einen ganz großen Fehler?

Referentin:

Sie schneiden einen sehr wichtigen Bereich an. Es stimmt schon, dass das Wasser unter hohem Druck leiden kann - vorallem dann, wie in der Leitung, wenn es auch zum linearen Fließen gezwungen wird. Behandeln wir es anschließend mit starken magnetischen oder gar elektromagnetischen Feldern, werden nicht unbedingt die lebensunterstützenden Eigenschaften des Wassers unterstützt. In diesem Zusammenhang kann ich gut anerkennen, dass es wünschenswert ist, Kalkablagerungen in den Rohren oder auf der Heizschlange verhindern zu wollen. Dafür werden manchmal magnetische Geräte benutzt. Das soll jedoch nicht heißen, dass wir das mit Magnet behandelte Wasser ohne sanfte Erholung, als Trinkwasser benutzen müssen. Wir können zum Beispiel dem Wasser die Möglichkeit geben, in einem Glaskrug - vielleicht mit einem Bergkristall drin - ein paar Minuten zu verweilen, was die Erholung fördern kann.Diese einfache Hilfe hat Pater Pausch auch schon erwähnt.

Eine andere Variante hat Jörg Schauberger angeschnitten. Er hat ein Beispiel von einem Gerät gebracht, das man einfach auf den Wasserhahn schraubt, um dem Wasser die Möglichkeit der natürlichen Bewegung zu geben. Offensichtlich passiert in dieser kurzen Zeit eine signifikante Erholung. Wenn Sie gestern bei der Podiumsdiskussion waren, haben sie feststellen können, dass zur Zeit viel über die physikalische Wasserbelebung diskutiert wird. Nur ein Hinweis von mir zu den Information, die man erhält: In vielen Fällen, wird versucht, den Leuten Angst zu machen, dass das Wasser, das sie benutzen, nicht in gutem Zustand sei. In Nordeuropa ist aber das Wasser meistens - chemisch und mikrobiologisch gesehen - sehr gut. Weil über längerfristige Auswirkungen des technisch behandelten Wasser kaum etwas bekannt ist, neige ich dazu, einfache, eher natürliche Methoden anzuwenden, wenn es sich um die physikalische Qualität handelt. Dazu gehören eine kurze Erholungszeit in einem Glaskrug – eventuell mit Bergkristall – oder die Benutzung eines einfachen Wasserwirbelungsgeräts.

Publikum:

Ich hätte jetzt noch einmal eine Frage zur Intelligenz des Wassers, zur Informationsfähigkeit des Wassers. Was macht das Wasser intelligent oder wodurch wird es Informationsträger? Es ist ja Trägerflüssigkeit, ich mische etwas bei. Wird es dadurch intelligent, dass ich etwas beimische oder wird es intelligent, weil ich potenziere? Denn beim Potenzieren befreie ich etwas vom Stoff, das dann auf das Wasser übergeht.

Referentin:

Dieser Begriff ist hier nicht buchstäblich gemeint. Eher im übertragenen Sinne, dass das Wasser sich der Möglichkeit bedient, sich von dem zu erholen, was ihm schadet, bzw. was nicht mit den lebensnotwendigen Eigenschaften des Wassers einhergeht. Sich so konsequent für die Erholung einzusetzen, scheint mir „intelligenter“, als das Verhalten, das wir heute in unserer Gesellschaft erleben.

Publikum:

Meine Frage lautet, gibt es eine Urintelligenz des Wassers? Hat das Wasser so etwas wie Selbstheilungskräfte? Wir haben gehört, wenn wir ein Glas Wasser in die Hand nehmen, nimmt es unsere positive Energie auf. Mich erinnert das an Selbstheilungskräfte, die auch der Mensch besitzt, der ja zum Großteil aus Wasser besteht.

Referentin:

So wie wir die Erholung des Wassers beobachten, scheint es starke Selbstheilungskräfte zu haben. Ich habe den Eindruck, der Mensch versteht noch zu wenig von der notwendigen Erholung, um dies zu machen, auch wenn er vielleicht das Erholen einleiten kann. Vorläufig kommt die Erholung weitgehend vom Wasser selbst.

Publikum:

Ich möchte nur erwähnen, dass man früher immer gesagt hat: Wenn das Wasser über sieben Steine rinnt, ist es wieder sauber. Und da denke ich, das ist der Urinstinkt des Wassers. Was sagen Sie dazu?

Referentin:

Ich kannte diesen Ausdruck nicht, aber er scheint mir sehr sinnvoll.

Moderator Werner Freudenberger:

Und sieben ist ja eine heilige Zahl.

Referentin:

Ja, das auch noch.

Publikum:

Ich wollte fragen, ob es bekannt ist, dass Pflanzen wirklich besser wachsen, wenn sie mit magnetisiertem Wasser gegossen werden. Man legt zum Beispiel einen magnetischen Stein unter einen Wasserkrug oder magnetisiert es sogar elektrisch.

Referentin:

Aufschlussreiche Ergebnisse über die biologische Wirkung von magnetbehandeltem Wasser wurden von dem Österreicher P. Kokoschinegg vor einigen Jahren veröffentlicht. Er stellte fest, wenn das Wasser im guten Zustand ist und wenn man es mit einem Magnet behandelt, dann vermindert sich die Wasserqualität für die Pflanzen. Wenn das Wasser jedoch physikalisch schon etwas angeschlagen war, verbessert sich die Qualität. Manche neuere Versuche zeigen einen Einfluss auf das quantitative Wachstum. Auch wenn dies positiv sein kann, darf nicht vergessen werden, dass es allein nicht maßgebend für die pflanzliche Gesundheit ist. Die Gesundheit berücksichtigt auch die Resistenz und die Qualität der pflanzlichen Produkte.

Dr. Michael Ehrenberger:

Ich möchte gerne etwas hinzufügen bezüglich Wasserbelebung. Ich habe es gestern zwar explizit gesagt, ich bin der Meinung, Wasser kann man beleben, wenn man Techniken anwendet, wie Jörg Schauberger sie uns erklärt hat. Wir haben geforscht und gesehen, dass Wasser belebt werden kann und dass belebtes Wasser auch positiven Einfluss auf lebende Systeme hat. Das ist der eine Punkt, den ich gern erwähnen möchte. Und der zweite Punkt ist der, dass Wasser natürlich nicht in dem Sinn intelligent ist, wie wir uns Intelligenz vorstellen, das heißt, es kann jetzt nicht intelligente Gedankengänge vollziehen. Allerdings stellt sich die Frage - ich möchte das ganz kurz einwerfen - ob es eine ordnende Intelligenz in diesem Universum gibt, die nicht vom Menschen ausgeht, wo das Wasser sozusagen der Vermittler dieser Intelligenz ist. Ich glaube, es wäre ganz interessant, das Thema einmal in diese Richtung gehend zu beleuchten. Und je lebendiger das Wasser ist, desto besser kann es diese Botschaft auch übermitteln. Und der dritte Punkt. Eine Frage an die Frau Dr. Davis, ob Sie dieses Phänomen kennt. Und wenn ja, ob Sie eine Erklärung dafür hat. Man weiß, dass erhitztes Wasser, wenn man es zum Abkühlen bringt, schneller gefriert, als Wasser, das nicht erhitzt wurde. Das bedeutet, wenn man warmes Wasser in den Gefrierschrank stellt, gefriert es schneller zu Eis als Wasser, das vorher nicht erhitzt wurde. Dieses Wissen wird zum Beispiel in Moskau angewendet, wenn es darum geht, Eislaufplätze herzurichten. Haben Sie eine Erklärung dafür?

Referentin:

Ich nehme an, dass der Grund in der Verkleinerung der Clusterstrukturen zu finden ist. Bei kleinen Clustern kann die Kälte schneller wirken.

Moderator Werner Freudenberger:

Vielen Dank Frau Dr. Davis für diesen informativen Abschlußvortrag. Herzlichen Dank auch an das Publikum, dass Sie alles mit so viel Interesse verfolgt haben, und ich hoffe wir sehen uns bei der Paracelsusakademie 2004 wieder.

Paracelsus Akademie Villach
Samstag, 23. Mai 2003

Podiumsdiskussion

ReferentInnen: Marco Bischof, Dr. Joan S. Davis, Mag. Jörg Schauberger, Dr. Michael Ehrenberger
Moderation: Werner Freudenberger

Moderator Werner Freudenberger:

Kommen wir nun zu der mit Spannung erwarteten Podiumsdiskussion „Geheimnis Wasser". Wir haben dazu vier Experten eingeladen. Ich möchte Ihnen die Teilnehmer kurz vorstellen: In unserer Mitte Dr. Joan Davis. Sie ist Biochemikerin, wurde in New York geboren, hat dort auch studiert und lebt jetzt in der Schweiz. Sie hat sich lange mit Wasserversorgung und Alt- beziehungsweise Gebrauchtwasserentsorgung beschäftigt. Sie hat die Wasserqualität der Schweizer Fließgewässer eingehend untersucht und hält Vorträge an vielen Universitäten auf der ganzen Welt. Frau Dr. Davis hat sich sehr intensiv mit der Frage auseinandergesetzt: „Ist Wasser mehr als H_2O?" Darüber gibt es auch ein Buch und über dieses Thema wird sie auch den Abschlussvortrag halten.

Gewissermaßen ein Kollege, zumindest stammt er aus dem selben Land, der Schweiz, ist Marco Bischof. Man könnte sagen, er kennt die Grenzgebiete der Wissenschaften wie seine Hosentasche. Er ist freischaffender

Wissenschafter, Autor, Vortragender, Ethnologe, Religionswissenschafter und hat diverse Bücher geschrieben. Das neueste hat den Titel: „Tachyonen, Orgonenergie, Skalarwellen“ und behandelt die feinstofflichen Felder zwischen Mythos und Wissenschaft.
Mag. Jörg Schauberger hat an der Karl Franzens Universität in Graz studiert. Er war lange Zeit Journalist und Moderator. Er ist Autor und in erster Linie verwaltet er das Erbe seines Vaters und Großvaters und ist, wie wir gehört haben, auch unterwegs, um den Wasserzauberer Viktor Schauberger noch bekannter zu machen und sozusagen als Katalysator für seine Arbeiten zu fungieren.
Der vierte Teilnehmer an unserem Tisch ist Dr. Michael Ehrenberger. Er kommt aus Niederösterreich, ist seit 20 Jahren Arzt und Naturforscher und leitet seit einem Jahr das europäische Zentrum für Umweltmedizin in St. Pölten. Er ist vor allem auch als biologischer Grundlagenforscher bei der Firma „Synthese“ aktiv.
Zu Beginn möchte ich Frau Dr. Davis bitten, dass sie uns über ihre Forschungen und auch etwas über ihre Sicht zum Thema „Geheimnis Wasser“ erzählt. Was ist für sie das Besondere, das Geheimisvolle und das Faszinierende am Wasser?

Dr. Joan Davis:

Eine interessante Frage dieser Podiumsdiskussion lautet: „Was sind die letzten Erkenntnisse in der Erforschung des geheimnisvollen Elements?“ Wenn man sich damit beschäftigt, realisiert man, dass eine Antwort auf diese Frage nach wie vor sehr enttäuschend ist. Meine Enttäuschung bezieht sich nicht auf die Erkenntnisse selber, davon gibt es vielleicht sogar zu wenig, um ent-

täuscht zu sein, meine Enttäuschung bezieht sich auf die Wissenschaft. Die Wissenschaft macht für mich nach wie vor den Eindruck, dass sie weder willens noch fähig ist, sich ernsthaft mit einem Thema auseinanderzusetzen, das sie nicht verstehen kann. In diesem Zusammenhang möchte ich zwei Beobachtungen vorbringen, die ich in den vielen Jahren im wissenschaftlichen Bereich um das Wasser wahrgenommen habe. Vielleicht helfen sie ihnen, besser erkennen zu können, warum wir so langsam vorankommen, wenn es darum geht, Erkenntnisse über das Wasser zu erhalten.
Beobachtung Nummer eins: Die Wissenschaft legt viel Wert auf Objektivität. Und eine charakteristische Aussagen in diesem Zusammenhang ist: „Ich hätte es gar nicht geglaubt, wenn ich es nicht gesehen hätte." Wirft man aber einen kritischen Blick auf die Wissenschaft selber, kommt man zu der Vermutung, dass die Umkehrung von diesem Statement eher die wahre Aussage ist: „Ich hätte es gar nicht gesehen, wenn ich es nicht geglaubt hätte." Und so wirft der Wissenschaftler nach wie vor sehr viel weg, was einfach nicht seiner Theorie entspricht. Das haben wir oft in den Untersuchungen der Ozonschicht über der Antarktis gesehen. Die Computer wurden so programmiert, dass Werte von vornherein ausgesondert wurden, die sich in Bereichen befanden, die nicht als möglich angesehen wurden. So wurde die Entdeckung des großen Ozonlochs verzögert, weil ihre Vorstellung bestimmt hat, was akzeptiert wird. Das ist auch sehr relevant für Wasser. Das hat auch Relevanz für mehrere Themen, die Jörg Schauberger angeschnitten hat. Es wurde erwähnt, dass der Schmelzpunkt wie auch der Siedepunkt gar nicht mit den Be-

rechnungen der Wissenschaft übereinstimmen. Die Wissenschaft hat dann den einfachen Weg genommen und diese Erkenntnisse als Anomalien abgetan. Daraus folgt nun die Beobachtung Nummer zwei: Wenn die Ergebnisse nicht der Vorstellung entsprechen, geht man einfach auf die nächstniedrigere Stufe. Wenn es zum Beispiel nicht mehr den ganzen Körper betrifft, dann geht man auf die Organebene oder Zellularebene. Man geht also auf eine Ebene, wo die Reproduzierbarkeit eher möglich ist. Bei Wasser ist man aber schon auf der tiefsten Ebene, wenn man so will. Man kann nicht tiefer gehen. Wasser verhält sich anders. Wasser ist unter der Würde der Wissenschaft, weil es sich nicht reproduzierbar verhält. Das ist ganz schwierig für die Akzeptanz. Die Wissenschaft hat in der Tat versucht weiterzugehen, indem sie sich zum Beispiel mit den Clusters beschäftigte. Eine schwierige Situation ergibt sich jedoch aus der Tatsache, dass sie, wenn sie ihre Resultate glauben wollen, alles über den Haufen werfen müssen, was sie in all diesen Jahrzenten behauptet haben. Ich hoffe, dass die Gedanken die von solchen Symposien ausgehen, vielleicht eine Beschleunigung dieses Prozesses bewirken können, damit die Wissenschaft selber langsam entdeckt, dass Wasser etwas mehr als nur H_2O ist.

Moderator Werner Freudenberger:

Dankeschön für diese Einführung von Frau Dr. Davis. Darf ich Herrn Dr. Ehrenberger bitten, gleich einmal unmittelbar darauf zu reflektieren. Teilen Sie diese Auffassung und wie ist Ihr Zugang zu diesem Themenkomplex.

Dr. Michael Ehrenberger:

Mein Zugang zu diesem Themenkomplex erfolgt über die Medizin. Ich war lange Zeit praktischer Arzt. Nun, natürlich gibt es Schwierigkeiten, wenn wir versuchen wollen, das Wasser zu verstehen. Natürlich gibt es Schwierigkeiten die Anomalien zu erklären.

Jeder Mensch produziert im Körper circa zehn Millionen neue Zellen pro Sekunde. Und diese neuen Zellen werden ersetzt. Jede Sekunde produzieren wir allein zwei Millionen rote Blutkörperchen. Und wenn man sich mit „Wasser" in biologischen Systemen ein bisschen näher beschäftigt, kommt man zu einem Thema, das den Wissenschaftlern unheimlich Angst macht, weil es vielen Menschen Angst macht. Man kommt zum Thema „Zeit", „Zeit und Rhythmus". Das sind Faktoren, die in Zukunft in die Wissenschaft einfließen werden. Ich glaube, dass hier zukünftig ganz, ganz neue Erkenntnisse kommen werden. Und bevor man Neuland betritt, ist die Barriere die Angst, die uns hier Probleme macht. Also ich denke, natürlich könnten wir schneller vorangehen, aber der Apfelbaum wächst halt nur so schnell, wie der Apfelbaum wächst. Bei der Akzeptanz der feinstofflichen Energien gibt es meiner Meinung nach so eine Drittelregelung zu diesen Themen, die die Frau Dr. Davis schon angesprochen hat. Drittelregelungen heißt für mich folgendes: Ein Drittel meiner Kollegen, Ärzte, Wissenschaftler lehnt sie vollkommen ab. Ein Drittel spricht unter vier Augen darüber. Es gibt Ärzte, die sagen, bitte muten sie meine Wohnung aus, bringen Sie mir einen Radiästheten, aber sagen Sie ja nicht, dass sie diesbezüglich mit mir Kontakt haben. Und ein Drittel steht dazu. Und ich glaube, dass sich das langsam verschiebt. Ich glaube, dass diejenigen, die dazu stehen, mehr werden. Ich hab unheimlich schöne Gespräche mit Wissenschaftlern unter vier Augen geführt, die mir Dinge bestätigt haben, die auch Herr Schauberger angesprochen hat. Sie sagen, ja, da steckt was dahinter, aber im Moment lässt mich meine wissenschaftliche Gesellschaft nicht darüber sprechen. Aber es findet eine langsame Veränderung statt und Symposien, wie sie heute stattfinden, tragen wirklich dazu bei, dass diese Ideen öffentlich diskutiert werden. Ich weiß auch, dass die Themen, die wir heute von Herrn Schauberger gehört haben, die Zukunft der Biologie sind. Ich sehe es positiv. Ich weiß, dass es langsam geht, aber ich weiß, das es soweit kommen wird, dass sich die Wissenschaft mit diesen Themen beschäftigt.

Moderator Werner Freudenberger:

Dankeschön Herr Dr. Ehrenberger. Herr Bischof, wie sehen Sie diese Sackgasse in der wir uns befinden, als einer, der sich ja schon seit vielen Jahren mit Gebieten in der Wissenschaft beschäftigt, bei denen auch vielleicht ein Drittel die Nase rümpft.

Marco Bischof:

Ich denke, das Thema „Wasser" ist vielleicht noch ein bisschen mehr. Wie alle diese Grenzgebiete ist es in einer ganz eigentümlichen Situation und ruft auch ganz eigentümliche Reaktionen hervor. Bemerkenswert ist es, dass dieses Thema, ähnlich wie das Thema Licht, mit dem ich mich auch beschäftige, zu sehr emotionalen Reaktionen führt. Und das nicht nur bei den Wissenschaftlern. Diese Grenzsituation des Themas „Wasser" hat Vor- und Nachteile. Sie hat große Vorteile, denn auf einem Gebiet, wo noch viele Fragen offen sind, da kann man auch wirklich neue Wege gehen und es ist natürlich auch nötig, neue Wege zu gehen. Ein interessantes Fakt am Thema „Wasser“ ist, dass wir hier die gewöhnlichste Substanz haben, die überhaupt denkbar ist, die überall vorkommt und die wir tagtäglich brauchen, die für uns lebensnotwendig ist; aber gleichzeitig ist es eine Substanz, über die wissenschaftlich außerordentlich wenig bekannt ist. Die Wissenschaft hat dieses Thema gemieden. Der Nobelpreisträger Szent-Györgyi hat mal gesagt: „Das Wasser ist auch für den Menschen so ähnlich wie für einen Fisch, nämlich etwas, das ihn so vollkommen umgibt und so selbstverständlich ist, dass er es überhaupt nicht wahrnimmt.“ Dann kommt dazu, dass das Wasser auch sozusagen eine ganzheitliche Reaktion bei den Menschen hervorruft, die eben eine starke emotionale Komponente hat und viele Menschen veranlasst, weil auch sehr viele Fragen offen sind, auf dieses Thema „Wasser“ viele Dinge zu projizieren. Das ist auch der Grund dafür, dass sich auf dem Gebiet der Wasserforschung ein enormer Wust an Scharlatanerie, Betrug und seltsamen Dingen anhäuft. Das berechtigte Bedürfnis, irgend welche Gewissheiten über das Wasser zu bekommen, führt leider oft auch zu einer falschen Anforderung an die Wissenschaft. Man verlangt von ihr Dinge, die eigentlich gar nicht in das Gebiet der Wissenschaft gehören. Dinge, von denen man glaubt, die Wissenschaft könne sie leisten. Oft unter dem Stichwort „Beweise“. Wissenschaftliche Beweise gibt es nämlich gar nicht. Im Moment haben wir also die Situation, dass einerseits, was an gesichertem Wissen über Wasser da ist, gar nicht allgemein bekannt ist und auch von Leuten, die sich mit Wasser beschäftigen, teilweise überhaupt nicht beachtet wird. Und andererseits sind sehr viele krause Ideen und Spekulationen im Umlauf. Zum Teil sogar völlig unhaltbare Spekulationen, die zwar verständlich sind, die aber einfach nicht weiterführen. Ich glaube, gerade ein solches umstrittenes Grenzthema, braucht einerseits eine große Offenheit dafür, dass wir eben nicht alles wissen, dass auch die Wissenschaft, wie es im Moment ist, ihre Grenzen hat, sich erweitern muss, neue Wege gehen muss. Aber andererseits braucht es auch etwas, was die Wissenschaft wirklich vorbildlich liefern kann, nämlich eine gewisse kritische Haltung diesem Thema gegenüber. Ich begegne oft Leuten, die einfach alles glauben, was ihnen vorgesetzt wird. Und gerade auf diesem Gebiet gibt es viele Dinge, die man natürlich gerne glauben würde, wie zum Beispiel, dass Gedanken die Kristallisation eines Wassertropfens beeinflussen können. Das ist für mich durchaus plausibel. Mit der Methode, die der Japaner Emoto verwendet, kann es sogar gezeigt werden, aber die Art und Weise, wie er das tut, ist wissenschaftlich gesehen absolut wertlos. Weil er mit seiner Methode, mit der man möglicherweise tatsächlich subtile Einwirkungen auf das Wasser zeigen könnte, nicht sauber wissenschaftlich arbeitet. Er macht eine Schwärmerei aus der Sache. Man könnte sagen, seine Bilder sind künstlerisch wunderbar und sie rühren die Leute an, aber wenn gleichzeitig behauptet wird, das seien nun wissenschaftliche Beweise, da muss ich sagen, das sind sie nicht, in dieser Beziehung sind sie wertlos. Und so gibt es ganz viele Dinge auf diesem Gebiet, wo eine kritischere Haltung genauso notwendig wäre, wie auf der anderen Seite eine Offenheit für neue Möglichkeiten und Denkweisen.

Moderator Werner Freudenberger:

Also Sie sagen, es gibt einen Wust von seltsamen Dingen und auch Betrügerein. Herr Schauberger, ist Ihnen im Zusammenhang mit der Wasseraufbereitungstechnik auch vieles begegnet, wo Sie die Hände über dem Kopf zusammengeschlagen haben oder wurde auch Ihr Großvater für Geschäftemacherei missbraucht, wo Sie sagen, dass kann nie und nimmer funktionieren?

Mag. Jörg Schauberger:

Ich kann nur so viel sagen, dass aus der Biographie meines Großvaters und meines Vaters sehr viel an Ideen verwendet worden ist und nach wie vor verwendet wird. Die Ideen meines Großvaters waren schon so weit voraus, dass heute ein ganzer Wirtschaftszweig davon leben kann. Eben dieser Wasseraufbereitungssektor. Und da gibt es, ich möchte mal so sagen, interessante Phänomene rund um das Wasser – besonders wenn man sich die physikalischen Beeinflussungsmöglichkeiten ansieht. Sie werden immer jemanden finden, der ihnen Fotos präsentiert, die zeigen, wie das Wasser unter dem Mikroskop betrachtet vor und nach der Behandlung durch eine bestimmten Methode ausschaut. Man sieht dann viel mehr Lichtpunkte oder viel mehr Kristalle oder was auch immer. Aber das sind absolut keine Aussagen, ob das Wasser jetzt besser geworden ist. Das heißt, dieses Bild der Demut, das ich zu zeichnen versucht habe, sollte auch bei den Leuten vorrangig sein, die Geräte herstellen, die das Wasser verändern. Mit Dr. Joan Davis habe ich schon oft über dieses Thema gesprochen und wir sind zum Schluss gekommen, dass diese Leute nicht immer Scharlatane sind, sondern dass sie einfach gar nicht wissen, was sie tun.

Dr. Joan Davis:

Wenn ich die Reklame oder die sogenannte Dokumentation von diesen verschiedenen Geräten lese, fällt mir auf, dass allein schon ein Unterschied als Verbesserung dargestellt wird. Diese Hinweise sagen auch nicht aus, ob diese Veränderungen für den Mensch beziehungsweise für Lebewesen überhaupt gut sind. Ein weiterer Punkt, der mir sehr wichtig ist und worüber wir immer wieder diskutiert haben, ist folgender: Gewisse Sachen, die vielleicht kurzfristig positive Wirkung haben können, wie zum Beispiel Antibiotika, sollen nicht über lange Zeit angewendet werden. Vielleicht ist es auch so mit diesem Wasser. Es kann über kurze Zeit eine positive Wirkung haben, aber das heißt nicht, dass Sie es jetzt jeden Tag Ihres Lebens trinken sollen. Es wird nicht differenziert, ob das wirklich eine längerfristige positive Wirkung ist (wenn überhaupt positiv) oder nur eine kurzfristige. Wenn man zum Beispiel den Punkt der Kalkablagerungen betrachtet, dann erfährt man aus der Werbung, dass in den Rohren keine Kalkablagerung mehr passiert. Wenn man nach der gesundheitlichen Wirkung für den Menschen fragt, wird behauptet, für die Kapillaren muß es dann ja ähnlich sein. Aber leider ist die Wirkung fast umgekehrt, das heißt, der Kalk, der im Wasser bleibt, kann in vielen Fällen dann eher in den Kapillaren ablagert werde.

Mag. Jörg Schauberger

Es stellt sich allgemein die Frage, welche Art von Wasser ist denn überhaupt gut für uns, welche Art der Energetisierung, der Vitalisierung, der Dynamisierung, der Belebung ist überhaupt gefragt. Wenn ich bei Diskussionen gefragt werde, können Sie das oder das Gerät empfehlen, dann antworte ich: „Ich weiß nicht, wie es in Ihrer Wasserleitung wirkt und ich weiß nicht, wie es für Sie persönlich zu wirken beginnt, wenn Sie dieses Wasser trinken." Wenn Sie vom Arzt aus irgendeinem Grund in einen Kurort geschickt werden, werden Sie gezielt in einen Kurort geschickt wie zum Beispiel nach Villach, Bad Ischl, Bad Hall und so weiter, weil der Arzt sagt, dass dieses Wasser dort für Ihr Leiden das beste ist und damit werden sie Heilung oder Linderung Ihrer Schmerzen oder Krankheit erfahren. Aber er wird Sie nicht wahllos an irgendeinen Ort schicken. Und so müsste es auch mit Geräten sein. Sie müssten jemanden an der Hand haben, der Ihnen sagt, ob dieses Gerät beziehungsweise diese Methode für das Wasser, das Sie zu Hause haben und für Ihren Körper das verträglichste ist.

Moderator Werner Freudenberger:

Fragen wir den Arzt dazu. Herr Dr. Ehrenberger, wie schauen Ihre Erfahrungen damit aus? Werden Sie von Ihren Patienten mit dieser Frage konfrontiert?

Dr. Michael Ehrenberger:

Ich persönlich unterteile es in zwei Forschungskategorien. Die einen sind die direkten Nachweise, das heißt, ob ich direkt nachweisen kann, ob eine Belebungsmethode funktioniert oder nicht, wie zum Beispiel eine Kristallisationsuntersuchung. Hier gibt es schon Ergebnisse, die ermutigend sind, wo man sieht, dass Wasser wirklich belebt werden kann. Das Zweite, was ganz richtig gesagt wurde, sind die indirekten Nachweise. Hat denn das für Lebewesen eine positive Auswirkung, bringt mir das was, wenn ich dieses belebte Wasser trinke? Das ist eine Frage, die zu klären ist. Ich kenne Forschungen, die hochsignifikante Ergebnisse bringen – zum Beispiel, dass die Zellen belebtes Wasser schneller aufnehmen. Wir wissen sehr genau, dass der intrazelluläre Wassermangel eine große Ursachen von Krankheiten ist. Wir sehen, dass Menschen, die belebtes Wasser trinken, plötzlich ein, zwei Kilo an Gewicht zunehmen, weil die Zellen das Wasser zuerst wie ein Schwamm aufsaugen. Dann verlieren sie das Gewicht wieder. Wir sehen aber auch, dass die Körperrhythmen praktisch angefacht werden. Wir sprechen hier zum Beispiel von der Herz-Raten-Variabilität, das ist ein Messwert, der in der Schulmedizin anerkannt ist. Und es konnte nachgewiesen werden, dass auch die schulmedizinisch anerkannten Messwerte durch ein lebendiges Wasser verbessert werden. Also, ich unterscheide die direkten Nachweise, die zu erbringen sind, aber auch die indirekten Nachweise. Und dann gibt es noch etwas, das noch im Bereich der Anekdoten ist, der Erfahrungsberichte. Wenn Sie einmal sehen, wie Tiere oder Kinder auf ein Wasser reagieren, das ihnen in einer belebten Form angeboten wird, das sind so Erlebnisse, die kann man niederschreiben und berichten. Einer wissenschaftlichen Diskussion halten sie zwar nicht stand, es sind aber sehr interessante Tatsachen.

Dr. Joan Davis.

Kennen Sie in diesem Zusammenhang Studien mit unterschiedlicher Wasserbehandlung, die parallel laufen? Ich hab bis jetzt keine gesehen, wo zum Beispiel die intensive hochtechnologische Behandlung mit der Behandlung durch einen Bergkristall oder durch einen Wasserwirbel verglichen wird.

Dr. Michael Ehrenberger

Das ist eine sehr gute Frage. Wenn man verschiedene Wässer anwendet, ist das auch der wissenschaftlich korrekte Weg. Hier weiß ich aber von einigen Firmen, dass solche Forschungen immenses Geld kosten. Einerseits wissen wir, dass es Firmen gibt, die guten Gewinn damit machen, was auch nicht verwerflich ist. Wenn aber die Forschungen zu Beginn viel Geld kosten, hat die Firma keinen Gewinn gemacht und muss selber investieren. Von offizieller Seite ist es ganz, ganz schwer, für solche Randgebiete Forschungsgelder zu lukriieren. Denn eines muss uns klar sein, es ist immer noch die Wirtschaft, die bestimmt, was erforscht wird. Das heißt, sie sind praktisch eigenes Forschungsinstitut, wenn sie wirklich Fallzahlen haben wollen. Und sie brauchen Fallzahlen für die Statistik. Hier muss man in die Breite gehen, es kostet viel Geld, aber ich gebe Ihnen vollkommen Recht, es sollten natürlich vergleichende Forschungen gemacht werden. Ich denke auch, dass sie zukünftig kommen werden, wenn die Wissenschaft die Wertigkeit des Wassers wiedererkennt.

Moderator Werner Freudenberger:

Wir haben auch schon viel darüber gesprochen, dass Wasser Informationen speichern kann. In der Homöopathie wird dieses Wissen angewandt. Gibt es nicht auch schon von der Natur Botschaften in homöopathischer Dosis, die im Wasser vorhanden sind? Zum Beispiel die Informationen eines Platzes, wie es auch schon Paracelsus beschreibt, sind die Essenz der Kräuter, die dort wachsen. Gibt es die Möglichkeit, dass wir auch über diese, praktisch ungesteuerte Ebene, Informationen für unseren Körper bekommen, die uns in irgendeiner Weise beeinflussen.

Dr. Michael Ehrenberger:

Also ich glaube, dass das Wasser sicher in der Lage ist, Informationen zu speichern. Es heißt ja, Wasser habe ein Gedächtnis wie ein Elefant. Ich denke, wenn wir über Energien sprechen wie zum Beispiel über die Ideen von Victor Schauberger, dann sprechen wir von einer Energieebene, die unendlich ist. Wir denken immer diesen begrenzten Energiebegriff, das bedeutet, dass Energie nur in einem begrenzten Maße vorhanden ist. Die wird umgewandelt nach den Gesetzen der Thermodynamik. Ich glaube, dass wir den Schritt wagen sollten, in den Denkprozess zu kommen, dass die Energie unendlich ist und wir sie auch nützen können. Und da stellt sich jetzt die Frage, woher kommt die Information, die das Wasser aufnimmt? Wie Sie richtig erwähnten, Paracelsus hat gesagt, an gewiesen Orten nehmen die Pflanzen Information auf. Ich denke, auch die Pflanzen müssen die Information von irgendwo bekommen. Und ich glaube, dass Wasser auch diese Informationsebene erreicht, die nicht mehr mit unserem begrenzten Denkvermögen begreifbar ist. Das ist für mich ganz, ganz wichtig. Was mir am meisten gefällt - ich spiele gerne mit Ideen von Victor Schauberger - ist die Idee von Atomenergien erster und zweiter Ordnung. Ich glaube, das wird etwas sein, das uns zukünftig ganz, ganz stark bewegen wird. Also, dass wir mit Ebenen arbeiten, die sicherlich in unserem drei-, vielleicht vierdimensionalen Denkvermögen gar nicht mehr so viel Platz haben. Ich glaube, wir sollten in der Richtung einmal weiterdiskutieren und weiterdenken.

Dr. Joan Davis:

Ich denke, wenn die Präsenz von Substanzen sehr starke Wirkung haben könnte, auch in sehr schwacher Konzentration, wäre das Wasser schon seit Millionen Jahren mit all dem verseucht. Es wären dann all die negativen Informationen gespeichert. Hier komme ich zu dem Punkt, wo sich die Frage stellt, ob eventuell die Art der Wasserbewegung Information löschen kann. So kann zum Beispiel statt dem Schütteln die Bewegung in der Achter-Schleife reinigend auf das Wasser wirken. Ob das eine andere Übertragung sein kann, das weiß ich nicht, aber ich sehe, wie dann bei homöopathischen Mitteln Informationen lange gespeichert bleiben können und ich sehe auch, bei diversen Forschungsergebnissen, dass allein die Bewegung des Wasser, die Information im positiven Sinn löschen kann und man dem Wasser so quasi einen Neuanfang gibt.

Mag. Jörg Schauberger:

Darf ich da gleich direkt anschließen? Bei einem unserer gemeinsamen Seminare in Luzern, war eine Naturheilerin und Ärztin dabei, die uns ein Beispiel gebracht hat. Da geht es um ein Nachweisverfahren, wo man Kristalle in kleinen Petrischalen wachsen lässt - durch verschiedene Methoden standardisiert. Sie hat erzählt, sie hat gutes Wasser genommen und die Kristalle sind wunderbar gewachsen. Dann hat sie das Wasser zentrifugiert, also auseinandergeschleudert und die Kristalle sind nicht mehr gewachsen. Anschließend hat sie dieses zerschleuderte Wasser wieder zentripetiert – also wieder durch einen Wirbel zusammengeführt und die ursprünglichen Kristalle haben sich wieder gebildet. Man könnte sagen, und hier wird es uns auch gezeigt, dass allein die Bewegung, diese Achter- beziehungsweise Schlingerform oder das Verwirbeln, eine Art Gedächtnisstütze für das Wasser ist. Dann möchte ich in diesem Zusammenhang nochmals ansprechen, dass das Wasser, der Bach beziehungsweise der Fluss sich selbst sein Ufer baut. Nicht nur, dass sich das Wasser seinen Weg sucht, nein auch den Bewuchs, das was dort wachsen soll, sucht sich der Fluss selber aus. Das heißt, er schaut, dass dort die Weiden wachsen, oder was auch immer, damit er sozusagen zugedeckt wird. Wenn man mit der Bahn die Westbahnstrecke fährt, sieht man manchmal noch so kleine Mäander in der Landschaft. Auf großen Wiesen sieht man auf einmal Buschwerk und Bäume, die sich so winden. Da weiß man, da fließt ein Bach und da sind Bäume, die das Wasser zudecken. Das Wasser schützt sich selbst durch die Pflanzen, die es sich ausgesucht hat. Sie geben ihm den optimalen Schutz vor der Sonnen oder sonstigen Umwelteinflüssen. Das heißt, der Bach selber, holt sich das heran, was er für sein Wohlbefinden braucht. Dann noch ein dritter Punkt zu den Informationen, die sich im Wasser befinden. Es ist erstaunlich, welche Modewässer aus Frankreich oder sonst irgendwo literweise nach Hause geschleppt werden oder in unseren Diskotheken oder Inlokalen verabreicht werden. Früher hat es geheißen, man sollte nur Feldfrüchte und Obst essen, das aus der Region im Umkreis von 50 Kilometer stammt oder soweit man den Kirchturm sieht. Vielleicht sollte man auch nur Wasser oder hauptsächlich Wasser aus dieser Region trinken, denn diese Information brauche ich, weil ich hier lebe. Hier kann ich mich einschwingen und kann mit der Region, mit dem Wasser und mit meinem Wasserkörper eins werden.

Marco Bischof:

Ich möchte darauf hinweisen, dass in der theoretischen Quantenphysik viele Physiker davon ausgehen, dass es ein ganz allgemeines Phänomen gibt, dass alle Teilchen im Universum von allen Begegnungen mit anderen Teilchen immer Erinnerungen zurückbehalten. Dass heißt, jede Begegnung eines Teilchens mit einem anderen Teilchen verändert dieses Teilchen selber und hinterlässt sozusagen eine Spur. Das heißt, das wäre ein allgemeiner Memoryeffekt. Man bringt das auch in Zusammenhang mit der Möglichkeit eines grundlegenden Feldes, einer grundlegenden Dimension unserer Realität, die so eine Art Informationsfeld wäre, wo sich alles einprägt, was geschieht. Aber so wichtig und so interessant dieses Phänomen der Erinnerungsfähigkeit von Substanzen, von Materie ist, die wahrscheinlich eine allgemeine Eigenschaft darstellt, so wichtig ist es auch drauf hinzuweisen, dass das Vergessen genauso notwendig ist wie das Erinnern. Wenn wir uns nur erinnern würden, wären wir schon lang völlig überladen. Deshalb würde ich sagen, die interessante Frage bei dieser Wassererinnerung ist nicht, ob es eine solche gibt, sondern vielmehr, unter welchen Bedingungen sie funktioniert und unter welchen nicht. Das sollte man untersuchen.

Mag. Jörg Schauberger:

Darf ich einen ganz anderen oder einen erweiterten Aspekt einbringen, eine ganz kurze Geschichte von Viktor Schauberger und zwar wo er sagt, wie er mit dem Gedächtnis gespielt hat. Als junger Mann schon, zog es ihn immer hinaus und er konnte stundenlang dem Wasser zuhören. „Ich wusste noch nicht, dass das Wasser der Träger des Lebens ist oder der Urquell dessen, was wir als das Bewusstsein bezeichnen. Ahnungslos ließ ich das fließende Wasser an meinen Augen vorüberrinnen. Erst nach Jahren wurde ich gewahr, dass dieses rinnende Wasser unser Bewusstsein magnetisch anzieht und ein Stück mitnimmt. Es ist eine Kraft, die so stark wirken kann, dass man das eigene Bewusstsein vorübergehend verliert und unfreiwillig tief einschläft. So begann ich nach und nach mit diesen geheimen Kräften des Wassers zu spielen, gab dieses so genannte „freie Bewusstsein" hin, um es vorübergehend dem Wasser scheinbar zu überlassen. Nach und nach wurde aus diesem Spiel ein tiefer Ernst, weil ich sah, dass man das eigene Bewusstein aus dem eigenen Körper entbinden und in das Wasser einbinden konnte. Nahm ich das eigene Bewusstsein wieder an mich, so erzählte mir das dem Wasser geborgte Bewusstsein oft seltsame Dinge. So wurde aus dem Forschen ein Forscher, der sein Bewusstsein sozusagen auf Entdeckungsreise aussenden konnte. So erfuhr ich Dinge, die den übrigen Menschen entgingen, weil sie nicht wussten, dass der Mensch in der Lage war, sein freies Bewusstsein überall dorthin zu senden, wo das Auge nicht hinblicken kann."

Publikum:

Weiß man, wie sich das Wasser in den Schneekanonen verhält? Und wie wird dieses Wasser dann vom Wald aufgenommen?

Mag. Jörg Schauberger:

Es ist ein Wasser, das unter sehr starkem Druck steht und das keine Schneekristalle produziert, sondern nur Körnchen. Also gefrorene Wasserkörnchen. Es ist ein ganz anderer Schnee, wenn Sie darauf Schi fahren. Es wird auch immer in den Fernsehreportagen betont, dass dieses oder jenes Rennen auf Kunstschnee stattfindet. Der ist viel aggressiver und bleibt länger liegen. Ich kann nur sagen, es gibt Gott sei Dank einen „Schipistenbehandler". Das ist Christian Steinbach, der nach Schauberger Wasser verwirbelt und dieses Wasser in die Schipisten einbringt. Früher hat man nach der Schneeschmelze immer gesehen, wo ein Schirennen war, dort war dieser braune Streifen, hervorgerufen durch den sogenannten Schneezement, der im Prinzip nichts anderes ist als Kunstdünger. Jetzt sieht man, wenn Steinbach dort war, dass es noch grüner ist, weil er informiertes und verdralltes Wasser einbringt. Er arbeitet auch an einem System, die Gletscher wieder wachsen zu lassen - durch Information, aber das wäre eine weitere Vorlesung. In Österreich und in Deutschland wird das mit den Schneekanonen eh ganz gut gelöst. Es gibt angeblich Länder, wo dem Wasser, das durch die Schneekanonen durchgejagt wird, tote Bakterien beigegeben werden, um es auch bei höheren Temperaturen zum Gefrieren zu bringen.

Publikum:

Wie steht es um die Forschungen von Herrn Schwenk, mich würde interessieren, was Sie davon denken. Ist das auch etwas Ernstzunehmendes oder eher nicht? .

Dr. Joan Davis:

Forschungen auf dieser Ebene, wie sie der Herr Schwenk gemacht hat werden zum Teil nicht ernst genommen. Ein Problem ist, und das ist wieder eine Kritik an der Wissenschaft, dass die sich nicht vorstellen kann, dass diese subtilen Energien überhaupt eine Wirkung haben können. Das heißt, sie können die Einflüsse vom Zodiak, der Mondphasen oder Sonnenfleckaktivitäten nicht messen und aus diesem Grund wird eine Wirkung in Frage gestellt. Ich betrachte die Ergebnisse als wahr und sehr informativ.

Mag. Jörg Schauberger:

Darf ich zum Verständnis ganz kurz noch sagen: Herr Theodor Schwenk war Antroposoph. Seine Methode war, Qualitäten im Wasser festzustellen, indem man Wassertropfen im Moment des Auffallens fotografiert. Und je schöner die Rosetten während des Auffallens oder kurz danach waren, desto besser ist das Wasser. Nur zum Verständnis, falls jemand mit dem Namen Schwenk nichts anfängt: Vor vierzig Jahren wurde in Herrischried im Schwarzwald das Institut für Strömungswissenschaften gegründet. Und seit vierzig Jahren wenden, früher Vater Schwenk, jetzt Sohn Schwenk mit seinen Mitarbeitern, diese Methode an. Man versucht, den Menschen ziemlich aus den Experimenten herauszuhalten. In einigen Metern Entfernung ist die Kamera und da fallen die Tropfen und der Experimentator ist möglichst weit weg, damit er den Versuch nicht beeinflusst. Das ist eine der gestaltbildenden Methoden, um Wasserqualität nachzuweisen.

Moderator Werner Freudenberger:

Ich möchte nochmals kurz auf das Thema Zeit und Rhythmus zurückkommen, das sie bereits angesprochen haben, Herr Dr. Ehrenberger.

Dr. Michael Ehrenberger:

Vielleicht etwas ganz Interessantes, um noch einmal auf die Ideen von Victor Schauberger zu kommen, wenn jemand Krebs entwickelt - eine Krebserkrankung - dann weiß man, dass zu Beginn der Erkrankung eine Veränderung des Zeitbewusstseins stattfindet, dass die Rhythmen desjenigen, der an Krebs erkrankt, gestört sind. Der Körper ist so sensibel, dass Piloten, die viel Ost-West fliegen, ein höheres Risiko haben, ein signifikant höheres Risiko an Melanom (Hautkrebs) zu erkranken als Piloten, die Nord-Süd fliegen, weil sie quasi permanent ihrer Zeit nachlaufen müssen. Also immer wieder einen Jetlag haben. Also ich hab mir oft gedacht, Krebs ist eine Zeiterkrankung, die Krebszelle lebt ja auch länger als normale Zellen, manche Krebszellen leben ewig. Sie teilen sich nicht schneller als normale Zellen, sie lebt nur länger. Und das ist ja auch etwas, wo Ihr Großvater in den 30ern drauf hingewiesen hat und gesagt hat: „Passt bitte auf. Wenn ihr das Wasser nicht wassergerecht behandelt, wird die Krebserkrankung mehr werden." Also, genau das Thema, das Sie ansprechen - Zeit und Wasser. Und Zeit überhaupt, ist etwas so Gewaltiges, was zukünftig noch einige kluge Köpfe bewegen wird, über die Themen nachzudenken.

Moderator Werner Freudenberger:

Zeit, schreibt der jüdische Philosoph Weinreb, reinigt auch so wie das Wasser und besänftigt die Menschen und das Fließen der Zeit weckt in den Menschen auch ein gewisses Gefühl, dass es auf ein Ziel zugeht und die Zeit ist so gesehen auch Hoffungsträger oder hoffnungsträchtig.

Publikum:

Zuerst möchte ich einmal unbedingt loswerden, wie schön das ist, das Ganze mitzuverfolgen. Und wie stark ich diese positive Stimmung spüre, die von den Vortragenden ausgeht, aber auch von den Menschen, die sich hier eingefunden haben. Und ich fühle mich jetzt richtig in einem Hoch. Ich möchte mich sehr herzlichen bedanken, für die Energie, die ich hier erhalten habe. Vor ungefähr einem halben Jahr habe ich erfahren, dass das Wasser ein Gedächtnis haben soll und hab mir gedacht: „Jetzt sind alle ganz verrückt worden. Gedächtnis und Information." Also bin ich ein Neuling auf diesem Gebiet. Ich kann mir nicht recht vorstellen, welche Information das sein soll, die da gespeichert wird. Und wenn ich diese Information zu mir nehme, was bewirkt sie in mir beziehungsweise was bewirkt das Ganze, wenn ich sie nicht zu mir nehme? Also, wenn ich sozusagen ein Wasserverweigerer bin? Es ist interessant, dass die meisten Menschen und vor allem die Frauen nur sehr wenig trinken. Was fehlt einem da jetzt eigentlich an Information?

Dr. Michael Ehrenberger:

Diese Beobachtung, die Sie grad angeschnitten haben, ist ganz interessant.. Ich habe eine neue Studie aus Kalifornien gefunden, wo nachgewiesen wird, dass das Trinken von reinem Wasser – nicht versetzt mit Kohlensäure und keine Säfte oder Tee und Kaffee, also das Trinken von reinem Wasser präventiv ist gegen Herzkreislauferkrankungen, und zwar hochsignifikant präventiv. Und das dies vor allen Dingen bei Frauen der Fall ist. Was für eine Information ist es? Ich glaube wiederum, und ich bleib bei dem Punkt, dass der Körper in einen gewissen Rhythmus, in einen Tanz hineinkommt. Und das ist das, was uns das Wasser zu geben vermag. Das Wasser vermag uns zum Tanzen zu bringen. Das kann es nur, wenn es verwirbelt wird. Wenn es in glatten Rohren fließt, hört es selber auf zu tanzen.

Moderator Werner Freudenberger:
Stimmt das auch, dass bei älteren Menschen das Durstgefühl nicht mehr spürbar ist und dass die Gefahr der Vertrocknung besteht, wenn man das Wassertrinken im Tagesablauf nicht bewusst einbaut?

Dr. Michael Ehrenberger:
Ganz richtig. Ältere Personen, vor allem Dingen auf Spitalsebenen, haben zu 80% und das ist nicht übertrieben - zu 80% Entlastungsdiagnose - Dehydratation - Dehydrierung - das heißt Wassermangel. Und wir wissen, dass viele Probleme (Verdauungsbeschwerden, Herz-Kreislauf-Beschwerden) auf Wassermangel zurückzugehen.

Marco Bischof:
Ich möchte nur kurz daran erinnern, dass schon die einfache Einnahme von Wasser eigentlich eine Art Verjüngungskur ist, weil jung sein im biologischen Sinn heißt, im Saft zu sein, saftig zu sein, wässrig zu sein. Alt sein heißt zu vertrocknen, alt werden heißt zu vertrocknen.

Mag. Jörg Schauberger:
Herr Bischof, können Sie zum Gedächtnis des Wassers oder zum Begriff Information eine Erklärung bringen? Was ist Energetisierung des Wassers? Was ist Informierung? Wo ist der Unterschied? Diese Begriffe geistern immer rum - das energetisierte und das informierte Wasser oder, Herr Dr. Ehrenberger, wo ist ein Unterschied?

Dr. Michael Ehrenberger:

Was mir sehr gut gefallen hat, war die Idee von Herrn Bischof, wo er gesagt hat: „Wir fragen immer ob Wasser Gedächtnis hat?“ Aber es war auch eine sehr wichtige Frage, ob Wasser vergessen kann. Ich darf Sie auch an ein Zitat von ihrem Großvater erinnern. Der gesagt hat: „Ihr sollt die Kinder nicht zum Nachdenken anregen, sondern die sollen vordenken, sie sollen intuitiv werden.“ Können wir das Wasser wieder neugierig machen, Information von allein aufzunehmen? Müssen wir dem Wasser wirklich Information zuführen, die wir irgendwo gefunden haben? Oder kann das Wasser durch eine wassergerechte Behandlung so weit kommen, dass es wieder neugierig wird, intuitiv wird und Information von sich allein aufnimmt?

Dr. Joan Davis:

Die Art der Bewegung wie zum Beispiel diese Verwirbelung kann im positiven Sinne zu einem Gedächtnisverlust führen. Dann wäre auch die Ausgangsposition dafür gegeben, was Sie gesagt haben, zumindest aus meiner Betrachtung, dass das Wasser wieder Lust hat, neue Information aufzunehmen. Durch das Schütteln, im Sinne der Potenzierung, werden die Information weitergegeben. Aber für mich ist ganz klar, dass für das Überleben des Wassers in gutem Zustand die Fähigkeit des Vergessens mindestens so wichtig ist wie die der Erinnerung. Welche Art von Information und Energie brauchen wir? Wenn wir die Tatsache berücksichtigen, dass vielleicht ortsbedingte Unterschiede bestehen, wie das bereits angesprochen wurde, dass Wasser und Nahrungsmittel, die wir zu uns nehemen aus unserer direkten Umgebung stammen sollten. Wenn wir das Wasser wieder in Form bringen, können wir über diese Flüssigkeit wieder Informationen aus unserer Umgebung aufnehmen. Das ist aber nur möglich, wenn das Wasser in einem guten Zustand ist und nicht wenn es nur durch lineare Rohre fließt. Es sollte wieder die Möglichkeit haben die positive Umgebungsenergie aufzunehmen und nicht nur Energie „aufgestempelt" bekommen, die dann für Menschen aus bestimmten Regionen oder mit bestimmten Krankheiten nicht die richtige ist.

Marco Bischof:

Ich möchte zunächst ein paar grundsätzliche Worte zur Informationsspeicherung im Wasser sagen. Wie man sich das heute wissenschaftlich vorstellen kann, kann das nur darauf beruhen, dass die Wassermoleküle in der Lage sind, sich durch sogenannte Wasserstoffbrücken miteinander zu verbinden, zu vernetzen und sogenannte supramolekulare Strukturen zu bilden. Das heißt, viele Wassermoleküle verbinden sich miteinander und bilden in der Regel verzweigte Strukturen von mehreren hundert Molekülen. Und diese Strukturen, die stellen eine Art Information dar. Wasser kann sowohl in Richtung einer höheren beziehungsweise stärkeren Strukturierung beeinflusst werden, wie auch in Richtung einer schwächeren Strukturierung. Was das nun aber genau zu bedeuten hat, da ist noch sehr viel offen, aber es wird ja auch viel durcheinander gebracht, wenn man über diese Wasserinformierung redet. Was in erster Linie, denke ich, hier eine Rolle spielt, ist die Vorstellung, dass eine Substanz, die im Wasser gewesen ist, selbst wenn sie entfernt wird, etwas in diesem Wasser hinterlässt, eine Information hinterlässt, die wiederum bewirkt, dass das Wasser nachher eine ähnliche

Wirkung besitzt, wie die Substanz selbst, die da enthalten war. So wie man auch in der Homöopathie zum Beispiel bei hohen Verdünnungen annimmt, dass, sagen wir einmal, über der 22. Potenz gar kein Molekül der gelösten Substanz mehr vorhanden sein kann, aber diese Lösung dann trotzdem noch die Wirkung hat, die von dieser Substanz ausgeht. Ähnlich stellt man sich auch andere Wasserinformationen vor. Und wie Joan Davis schon erwähnt hat, muss man sich natürlich auch klar sein, wenn es eine solche Wasserinformation gibt, dann kann sie auch negative Wirkungen haben. Man müsste sich dann vorstellen, dass zum Beispiel unsere Kläranlagen das Wasser von Fremdstoffen zwar schön reinigen, aber nicht von diesen Informationen. Das heißt, sämtlicher Schmutz, der im Wasser war, würde eben auch eine solche Spur darin hinterlassen. Und diese Spur wiederum würde eine Wirkung auf uns haben. Aber man kann mit Sicherheit annehmen, dass diese Erinnerungen des Wassers, die ihm ja ständig eingeprägt werden, dann irgendwie auch wieder einmal verschwinden beziehungsweise nicht ewig gespeichert werden. Das ist das eigentlich Interessante, das untersucht werden sollte: Unter welchen Bedingungen bleiben sie längere oder kürzere Zeit gespeichert und unter welchen werden sie zum Beispiel überhaupt nicht gespeichert, das scheint auch vorzukommen. Etwas, was wir wissen, ist, dass Verschüttelung offenbar bewirkt, dass im Wasser für ziemlich lange Zeit eine Art Dauerschwingung herrscht und diese Dauerschwingung, die vermag in hohem Maße Informationen zu speichern. Professor Popp, der Biophotonenforscher, ist sogar der Ansicht, dass diese Schwingung, die durch Verschüttelung im Wasser gespeichert ist, in Wirklichkeit gar keine Information überträgt, sondern etwas ganz anderes. Nämlich eine Fähigkeit. Wenn wir dieses Wasser oder dieses Medikament zu uns nehmen, wird die Fähigkeit auf den Menschen übertragen, besser mit Informationen umgehen zu können. Es wird fast eine Art Intelligenz übertragen. Als letztes möchte ich noch darauf hinweisen, dass dieses ganze Gerede über Energie in diesem Zusammenhang völlig fehlgeleitet ist. Alle diese Vorgänge, die wir hier diskutieren, haben praktisch nichts mit Energie zu tun, sondern mit Information. Und das ist ein großer Unterschied.

Moderator Werner Freudenberger:

Wie schaut es mit den feinstofflichen Qualitäten aus? Was wird zum Beispiel bewirkt, wenn ein Priester das Wasser segnet? Oder wenn man das Wasser jetzt verschüttelt oder anders behandelt – was macht das an feinstofflicher Veränderung aus?

Marco Bischof:

Der Begriff der Information ist wahrscheinlich auch ungenügend, weil das ja ein sehr technischer Begriff ist. Man weiß, das ist nachgewiesen, dass ein Heiler Wasser so behandeln kann, dass es nachher seine Struktur und seine Eigenschaften geändert hat und diese Wirkung auch auf den Menschen übertragen kann. Das heißt, so behandeltes Wasser kann genauso heilsam sein, wie die Hand des Heilers selbst, eben auch, wenn der Heiler nicht mehr da ist und der Patient nur das Wasser trinkt. So etwas, würde ich sagen, möchte ich gar nicht mit dem Begriff Information diskutieren, denn das ist viel mehr. Etwas, was der Heiler als Person an sich hat, geht da ins Wasser über. Das muss etwas mit einem

Feld zu tun haben, das wahrscheinlich alle Personen besitzen. Bei Heilern ist dieses Feld stärker ausgeprägt als bei normalen Menschen, wodurch eben auch Substanzen - wie Wasser - beeinflusst werden können. Er kann damit natürlich auch direkt auf andere Menschen einwirken. Bei diesen Feldern kann es sich auch um sogenannte Biophotonen handeln, das heißt elektromagnetische Wellen. Jeder Mensch hat ein elektromagnetisches Feld von Biophotonen, aber nach meiner Ansicht haben wir darüber hinaus noch andere Arten von Feldern, die jeder ausstrahlt, die auch zwischen uns Menschen eine Rolle spielen - in den Wechselwirkungen, die wir aufeinander haben. Und die sind nicht elektromagnetisch. Ich glaube, da kommen wir zu einem Gebiet, wo die Wissenschaft nur noch mit Schwierigkeiten mitdiskutieren kann. Teilweise gibt es Vorstellungen über solche Felder, aber ich glaube, selbst da müssen wir über die bestehende Wissenschaft hinausgehen und müssen es einfach akzeptieren. Es gibt da sogenannte Fernwirkungen von Lebewesen zu andere Lebewesen. Da ist ein ganzer Bereich, der real ist, der wirklich existiert, mit dem aber die Wissenschaft bisher nichts anfangen kann.

Moderator Werner Freudenberger:

Frage an den Dr. Ehrenberger. Wie können sie mit diesem Bereich, mit den Heilern oder mit diesen Phänomenen umgehen?

Dr. Michael Ehrenberger:

Von meiner Einstellung her, kann ich sehr, sehr gut damit umgehen. Ich glaub, das ist ein Phänomen, das jeder schon einmal erlebt hat. Und ich glaube auch, dass es zu den glücklichsten Momenten eines Arztes zählt, wenn man so etwas miterlebt. Zwei Personen treten so in Kontakt, dass Heilung passiert. Es ist auch so, wie ich bereits gesagt hab, dass Ärzte unter vier Augen das bereits diskutieren.

Mag. Jörg Schauberger:

Ich hätte auch an Dr. Ehrenberger eine Frage. Und zwar beschäftigt er sich ja schon sehr lange mit der Auswirkung des Wassers, wenn es zum Beispiel unter unserer Schlafstätte durchfließt. Der Radiästhet kann Wasseradern feststellen. Wie erklären Sie sich die Wirkung und welche Auswirkungen kann dieses Wasser haben?

Dr. Michael Ehrenberger

Ja, wie Sie richtig sagen, wenn eine Wasserader unter der Schlafstelle ist, kann das - muss aber nicht - zu Störungen im Organismus führen. Es sind kleine, kleinste Einflüsse, die aber eine große Wirkung haben können. Wir wissen jetzt sehr genau, dass es dazu führen kann, dass eben die schon angesprochen Rhythmen gestört werden. Was ich allerdings nicht weiß – und da würde ich die Frage gern an den Herrn Bischof weitergeben, weil er ja ein sehr gutes Buch zu diesem Thema geschrieben hat, – um welche Art von Energie es sich handelt. Wir können es nicht benennen. Meines Wissens ist es nicht in diese vier Grundenergien der Physik einzuordnen. Herr Bischof, haben Sie da nähere Erkenntnisse? Wie sehen Sie dieses Thema?

Marco Bischof:

Ja, ich glaube grundsätzlich, dass über den Bereich der elektromagnetischen Felder hinaus ein Bereich anderer Felder existiert, deren Natur wir noch nicht genau kennen. Es gibt einige Ideen in der Physik über solche neuartigen, nichtelektromagnetischen Felder. Aber ich glaube, das Phänomen ist damit nicht vollständig verstanden. Was nach meiner Ansicht hier sehr viel bringt, und das hab ich auch in meinem neuen Buch dargestellt, sind die Vorstellungen der Physik über das so genannte „Vakuum". Das ist ganz einfach der Raum, in dem wir leben. Und dieser Raum ist aber nicht einfach leer und ein Nichts, sondern der hat bestimmte Eigenschaften. Und ich glaube, dass überhaupt diese ganzen Gedächtniseffekte, über die wir hier reden, wahrscheinlich sehr viel mehr mit dem Raum zu tun haben, als mit diesen Objekten, mit Wasser oder anderen Substanzen - es gibt das ja nicht nur beim Wasser, es gibt auch solche Informationsaufprägung auf andere Substanzen. Man weiß nämlich aufgrund von Experimenten, wenn man Wasser oder zum Beispiel einen Gegenstand auf den eine Information aufgeprägt wurde, lange genug an einer Stelle stehen lässt und ihn dann wegnimmt, dann hat dieser Raumbereich interessanterweise auch diese Information und Eigenschaften. Nur der leere Raum.

Moderator Werner Freudenberger:

Ich möchte vielleicht etwas einbringen, das über die Funktion des Moderators hinausgeht. Ich war viele Jahre lang als Journalist auch im Gesundheitsbereich tätig. Und ich glaube meine Maxime war, den Menschen mitzugeben, dass Sie versuchen, die Kompetenz für ihren Körper selbst in die Hand zu nehmen - und nicht nur irgendwelchen Ärzten oder Gurus zu vertrauen. Ich glaube, das gilt auch für diese Kraftfelder und es gilt auch für das Wasser. Ich glaube, diese Kompetenz haben wir doch alle. Wir können doch selber in unserer Wohnung die Plätze feststellen, wo wir uns wohlfühlen oder nicht. Nur wir suchen immer einen Guru und brauchen einen Experten, der ja, wie auch Purner sagt, sich selbst in das Ergebnis seiner Mutung mit einbringt. Er macht das für sich. Es gibt keine objektiven Werte, die für alle hier im Raum gelten, sondern jeder ist - Gott sei Dank - ein bisschen anders und reagiert anders. Das hat mir gestern auch beim Pater Johannes so gut gefallen, wie er den Umgang mit dem Wasser beschrieben hat. Wenn ich versuche damit in Beziehung zu treten, wenn ich mir überlege und es anschaue, woher es kommt und ob es mir schmeckt, dann geh ich schon damit aktiv um und setze auch etwas in Bewegung - ob jetzt in mir oder im Wasser.

Dr. Joan Davis:

Ich möchte einen Schritt weitergehen. Vieles, was Sie gesagt haben und teilweise, was Herr Ehrenberger gesagt hat, wäre im Grunde genommen eine Art Bevollmächtigung für uns im Alltag, wenn man so will. Gerade gegenüber Wasser finde ich das sehr wichtig. Und wenn ich das Reklamematerial für die Wasserbehandlungen lese, sehe ich, es wird versucht, Angst zu machen. Dass man selber nicht genügend über das eigenes Wasser weiß, ob man es bedenkenlos trinken kann, wenn es aus der Leitung kommt. Die Information, ob das Wasser gut ist, ist da, zumindes in diesem Teil von Europa und man kann weitgehend selbst entscheiden ob man wirklich irgendwelche teuren Geräte braucht,

Wasser in Flaschen kauft oder einfach das Leitungswasser trinken kann. Und der zweite und letzte Punkt in diesem Zusammenhang ist, und das ist mit ein Grund, warum ich vor vielen Jahrzehnten aus der Medizin ausgestiegen bin - wenn meine Gesundheit durch einfache Mittel, wie mehr Wasser trinken, gefördert werden kann, warum wird das dann nicht erwähnt? Ich bin froh zu hören, dass Ärzte jetzt - zumindest vierzig Jahre später - langsam auch die einfachen Sachen erwähnen können. Früher war es unter der Würde der Medizin über die einfachen Sachen zu sprechen. Ich schätze es sehr, dass jetzt offensichtlich die Entwicklung gekommen ist, die Sie angeschnitten haben. Ich glaube, sei es jetzt bei Wasser oder anderen Bereichen der Medizin, ist das wirklich die Richtung, in die es gehen sollte.

Marco Bischof:

Ich möchte noch ein bisschen in dieselbe Kerbe schlagen und bei dem, was ich vor Ihnen sagte, über den Raum, noch anknüpfen. Das, was ich meinte, mit dem Raum, wenn ich das übersetze in die Erfahrung, die wir alle haben, dann hat das damit zu tun, was wir zum Beispiel als Atmosphäre oder bestimmte Stimmung erleben. Das heißt, ein Raum, ob sich dort jetzt Leute aufhalten oder nicht, kann eine bestimmte Qualität haben, die sich auf uns überträgt. Das ist unter Umständen auch ansteckend. Aber das Interessante ist, dass wir diese Qualität eines Raumes selbst erzeugen. Wir schaffen diese Qualität, wir schaffen die Atmosphäre eines Raums. Wenn ein Raum eine schwere, zähflüssige, düstere Atmosphäre hat, dann aus dem Grund, weil da vorher Menschen anwesend waren, die zum Beispiel irgendwie ein Problem hatten, das sie nicht lösen konnten oder depressiv waren. Anders, ein Raum, wo alles leicht und flüssig und hell ist - dann waren dort Menschen, die fröhlich und glücklich waren und Freude hatten. Wir können also Zustände schaffen, die sich auch auf Materie übertragen und die auch eine Weile gespeichert bleiben können - nicht nur im Raum, sondern auch in Gebäuden, in Wänden, in Mauern und so weiter. Was sehr wahrscheinlich auch an Wallfahrtsorten der Fall ist. Was ist denn ein Wallfahrtsort anderes, als ein Ort, wo Jahrhunderte lang viele Menschen hingegangen sind und sich dann dort in einer sehr ähnlichen, inneren Haltung und Stimmung aufhielten. Diese Haltung und Stimmung ist nun an diesem Ort als Qualität des Ortes gespeichert - aber von Menschen erzeugt - zum Teil zumindest, denn man müsste natürlich dann auch diskutieren, ob es nicht Qualitäten gibt, die dem Ort von der Landschaft her eigen sind. Ich möchte einfach darauf hinweisen, dass wir weitgehend die Möglichkeit haben, solche Atmosphären zu schaffen und auch solche positive Informationen zu schaffen, die dann einen Ort bestimmen oder die dann durch Gegenstände auch gespeichert und übertragen werden können. Wir sollten diese Möglichkeit auch nützen und nicht immer nur auf der Schiene fahren, dass man was kaufen muss, um weiter zu kommen.

Publikum:

Hat sich ihr Großvater mit Rechtsdrehung und Linksdrehung beim Wasser beschäftigt.

Mag. Jörg Schauberger:

Nein, hat er nicht. Darf ich ganz kurz eine Begriffsklärung versuchen. Es gibt mindestens drei Begriffe für rechtsdrehend. Das eine ist, wenn Pendler unter sich ausmachen, wenn das Pendel sich so bewegt, dann ist das rechtsdrehend. Das ist eine Erfahrung, das Pendel muss sich jetzt nicht rechts drehen, aber er weiß, wenn das Pendel eine gewisse Bewegung ausführt, dann ist es ein sogenanntes rechtsdrehendes Wasser. Pater Johannes bevorzugt die Methode mit dem Glas und einem Gänseblümchen - und dann so lange auf den Tisch hauen, bis das Gänseblümchen sich zu drehen beginnt. Und wenn es sich nach rechts dreht, sagt er - nach seiner Erfahrung - ist das rechtsdrehend. Und dann kommt die wissenschaftliche Erklärung. Wenn ich polarisiertes Licht, das ist Licht, das nur in einer Ebene schwingt, durch einen Stoff, wie zum Beispiel Milch oder Joghurt, durchschicke, dann wird dieser Strahl nach rechts verdreht. Es gibt also eine Ablenkung. Und das ist in der Physik dann rechtsdrehend. Verschiedene Dinge werden also mit dem selben Begriff belegt und dadurch gibt es immer eine Verwirrung. Das zunächst einmal zu dem. Was ist das Gute am rechtsdrehenden Wasser? Warum ist es besser?

Dr. Michael Ehrenberger:

Ich hab mich mit dem Thema überhaupt noch nicht beschäftigt muss ich sagen. Ich kann auch keinen Beitrag leisten. Ich finde eigentlich die Art und Weise wie es gestern behandelt worden ist, sehr vernünftig und sie haben es jetzt sehr gut zusammengefasst.

Mag. Jörg Schauberger:

Darf ich nur noch sagen, für Viktor Schauberger selber, zu seiner Zeit, war das überhaupt noch kein Thema , da hat es diese Diskussion noch gar nicht geben. Er hat beobachtet, wie Wasser im Bach um Steine wirbelt einmal linksrum, einmal rechtsrum, in Summe hebt sich das auf.

Publikum:

Wir haben früher von Heilquellen gesprochen. Und gerade bei alten Heilquellen heißt es immer, das Wasser sei rechtsdrehend.

Mag. Jörg Schauberger:

Das ist es ja auch. Das können wir so stehen lassen. Das stimmt.

Publikum:

Ein Bekannter beschäftigt sich schon sehr lange mit Wasser. Er hat in seinem Haus mehrere Etagen mit Halbedelsteinen aber auch mit Steinen von Stränden aus Irland installiert. Er lässt das Wasser durch alle Etagen durchrinnen und misst es vorher und nachher. Er pendelt es aus und hat es auch schon einmal in ein Labor eingeschickt. Es wurden ihm ausgezeichnete Werte für sein Wasser bestätigt. Er selbst misst das in Bovis-Einheiten. Ich wollte sie fragen, ob sie mir über diese Messeinheit etwas mehr sagen können?

Marco Bischof:

Die Boviswerte kommen aus der Radiästhesie von dem Franzosen Antoine Bovis. Er hat einfach eine willkürliche Skala gemacht, die eigentlich Intensitäten bezeichnen soll. Es wird zum Beispiel auch die Intensität von Energien an Orten damit bezeichnet, aber auch von Lebensmitteln – er hat das ursprünglich für Wein gemacht. Es ist eigentlich sehr willkürlich mit diesen Boviswerten. Viel mehr lässt sich darüber nicht sagen.

Publikum:

Bitte könnten Sie etwas zur Verbindung von Wasser und Salz sagen. Herr Ferreira unternimmt da Forschungen mit dem Himalajasalz. Wissen sie etwas darüber?

Dr. Michael Ehrenberger:

Da habe ich mich auch nur am Rande damit beschäftigt. Also ich weiß, dass jetzt eine sehr große Diskussion entbrannt ist, welches Salz gesund ist und welches weniger gesund ist. Ich bin schon der Meinung, wenn man sich mit der Salzgewinnung beschäftigt, dass das Salz - genauso wie Wasser - ein bisschen malträtiert wird, bis es dann am Tisch steht. Die natürlichen Formen von Salz, die uns jetzt angeboten werden, haben sicherlich eine hohe Wertigkeit. Allerdings muss man hier sehr vorsichtig sein, um welchen Preis man dieses Salz erwirbt. Es sind schon astronomische Preise - vom Kilopreis bis zu dreißig Euro - im Umlauf, wo man weiß, dass um vier, fünf Euro eingekauft wird. Von medizinischer Seite ist es sicherlich sinnvoll, das Salz möglichst unbehandelt zu lassen und Sie merken dann auch, dass dieses unbehandelte, sagen wir einmal Himalajasalz, nicht so salzig schmeckt wie das normale Salz, das Sie zu kaufen bekommen. Also ich würde sagen, bleiben wir bei dem Punkt, dass wir es so natürlich wie möglich lassen. Vielleicht können wir auch in Österreich ein gutes Salz auf diese Art und Weise gewinnen, es muss nicht immer aus fernen Ländern kommen, was wieder Energie kostet. Aber ich glaube schon, dass auch Salz eine bestimmte Qualität haben kann.

Publikum:

Ich möchte zum Thema Salz noch erwähnen, daß ich gehört habe, dass auch das österreichische Salz heute schon auf die gleiche Art verarbeitet wird, weil die Leute das eben so verlangen.

Mag. Jörg Schauberger:

Wenn Sie einmal nach Bad Ischl kommen, da hat jetzt die Salzkammer aufgemacht. Das heißt, die Salinen Austria sind jetzt auch auf diesen Zug aufgesprungen. Da gibt es ein eigenes Geschäft, wo es Salzlampen, Salzkristalle und so weiter gibt.

Publikum:

Ich möchte nochmals auf die Frage zurückkommen, ob Ihnen der Bio-Physiker Peter Ferreira bekannt ist, der sich mit Wasser und Salz beschäftigt. Was sagen Sie zu seinen Erklärungen beziehungsweise zu seinen Erkenntnissen?

Dr. Michael Ehrenberger:

Ich habe Peter Ferreira vor einigen Jahren kennen gelernt. Ich habe einen Vortrag von ihm gehört. Er hat mich tief beeindruckt, das muss ich ganz klar sagen. Er hat damals in dem Vortrag gesagt, dass, wenn Wasser wieder belebt wird, diese Belebung nicht anhalten kann. Hier möchte ich ihm ganz klar widersprechen. Das stimmt nicht. Die Belebung des Wassers kann anhalten auch über einen längeren Zeitraum hinweg. Ich halte ihn für einen guten Biophysiker, was sonst so rundherum diskutiert wird, da möchte ich mich gar nicht dazu äußern – da weiß ich zu wenig darüber.

Ich habe mir während der ganzen Diskussion ein paar

Notizen gemacht. Und wie Sie heute hören und fühlen, es gibt viele, die sich mit Wasser, mit Wasserbelebung und mit Wasserforschung beschäftigen. Mir ist grad während einer Diskussion ein Qualitätsmerkmal eingefallen. Das möchte ich Ihnen gerne mitgeben. Wenn derjenige, der sich mit Wasser und Wasserbelebung beschäftigt, zur Zusammenarbeit bereit ist, ist das ein sehr hohes Qualitätsmerkmal. Wenn der- oder diejenige nicht dazu bereit ist, dann würde ich eher vorsichtig sein. Das wollte ich Ihnen noch mitgeben.

Publikum:

Ich hätte gerne etwas Praktisches mitgenommen. Ich hab also eher kritische Stimmen zur Belebung gehört. Ich hab gehört, dass Wasser, das aus der Wasserleitung kommt, vielleicht auch nicht mehr das Wahre ist. Ich habe mitgenommen, dass ich Wasser, das aus der Wasserleitung kommt, vorher beleben kann. Welches Wasser sollte ich als Städter trinken, wenn nicht eine Quelle zur Verfügung steht?

Dr. Joan Davis:

Das Wasser, das unter hohem Druck aus der Leitung kommt, das hat auch Herr Schauberger schon angeschnitten, leidet natürlich unter diesen ungünstigen Faktoren, aber durch sehr einfache Behandlungen, sei es durch dieses Drehen oder, was auch Pater Pausch gestern angesprochen hat, durch Steine, kann man die physikalische Qualität verbessern. Es wurde bereits erwähnt, dass die Information über unser Trinkwasser sich immer auf die chemische und bakteriologische Qualität bezieht. Die physikalische Qualität des Wassers wird ganz beiseite gelassen, aber das ist das, was man mit diesen einfachen Mitteln ändern kann. Die chemische und bakteriologische Qualität des Wassers ist in den meisten Städten ausgezeichnet und durch eine einfache Belebung bringen wir es auf eine sehr hohe Ebene.

Marco Bischof:

Ich würde sagen, wir sollten doch alle versuchen, einfach unsere natürliche Fähigkeit des Schmeckens, wenn wir Wasser trinken, ein bisschen zu entwickeln. Vielleicht gehen Sie einmal in die Berge. Dort finden Sie bestimmt einen Bach, eine Quelle, wo das Wasser gut ist und vergleichen Sie später. Erinnern Sie sich dran, wie dieses Wasser geschmeckt hat und dann beurteilen Sie das Wasser, das Ihnen in der Stadt angeboten wird. Nach Ihrem eigenen Urteilsvermögen – das Sie haben, das wir alle haben, wenn wir etwas essen oder trinken. Trauen Sie sich!

Dr. Michael Ehrenberger:

Eine sicherlich schwierige Frage. Ich stimme dem bei, weil wir es auch nachgewiesen haben, dass das Wasser, das mit Druck durch lange Rohre gepresste wurde, die Lebendigkeit verloren hat. Man könnte auch sagen, diese Atomenergien sind verloren gegangen. Ich glaube auch, das jede Art der Verwirbelung – eine schnelle Verwirbelung, eine langsame Verwirbelung – auf das Wasser Einfluss hat. Wir dürfen eines nicht vergessen, wir reden jetzt sehr, sehr viel von geistigen Gesetzmäßigkeiten, dass wir auch mit unserem Bewusstsein Materie beeinflussen können. Wir dürfen eines nicht vergessen, wir können es. Jeder hat dieses Potential in sich, aber wir sind nicht geschult, es auch anzuwenden. Ich bin der Meinung, wenn es sinnvolle Belebungsweisen gibt, dann kann man das durchwegs als Krücke anwenden. Ich bin aber dagegen, dass man sich davon abhängig macht, dass ich nur mehr dieses Wasser nehme. Ich glaube, wir sind in einer Zwischenphase angelangt, wo wir langsam erkennen, welche Möglichkeiten wir haben. Nicht umsonst hat sich Victor Schauberger Gedanken gemacht, und den Riesenkasten hergestellt, den wir heute gesehen haben, womit er Wasser wieder in die ursprüngliche Form bringt. Also, ich sage, sich einerseits nicht abhängig machen, denn wir haben die Möglichkeit, über unser Bewusstsein Wasser zu beeinflussen - das weiß ich ganz genau, aber wir sollten auch die Möglichkeiten nutzen, die gefunden werden. Wir sind in einer Zeit angelangt, wo wir gewisse Krücken brauchen. Es gibt auch Möglichkeiten, verschiedene Geräte einfach zu testen. Einfach anschauen und entscheiden, tut es mir gut, wie der Herr Bischof sagt, ist das etwas für mich, brauche ich das überhaupt? Ein unreflektiertes Konsumverhalten haben wir schon hinter uns, aber ein sehr reflektierendes Verhalten ist sicherlich etwas, was uns weiterbringt. Gehen Sie in den Wald, testen Sie eine Quelle, wie schmeckt dieses Wasser? Wie fühlt es sich an? Habe ich die Möglichkeit, das bei meinem Wasser zu Hause auch zu erreichen? Und dann suchen sie diese Möglichkeit!

Moderator Werner Freudenberger

Ich glaube, das ist ein schönes Schlusswort.
Vielen herzlichen Dank.

Klaus Mirtitsch

Die Praxis der Energiearbeit

Das Alpha und Omega der Magie

132 Seiten, Format 14,8 x 21 cm

ISBN 3-902193-05-0

Waltraud Maria Hulke

Meditationen und Affirmationen

Eine spirituelle Hausapotheke

200 Seiten, Format 10,5 x 14,8 cm,

ISBN 3-902193-02-6

Roland Neffe

Inner Child Dreams

CD, Spielzeit 55 min

ISBN 3-902193-07-7

Klaus Mirtitsch / Roland Neffe

Die Reise zum Inneren Kind

Eine geführte Meditation zum inneren Kind

CD, Spielzeit 45 min, **ISBN 3-902193-04-2**

Klaus Mirtitsch
Reiki
Edelstein - Anwendungs - Praxis

113 Seiten, Format 14,8 x 21 cm
ISBN 3-902193-00-X

Wie gründe ich einen **„Hexenzirkel“**
Ein Handbuch in WICCA Schrift

62 Seiten, Format 10,5 x 14,8 cm,
ISBN 3-902193-03-4

Enrico Nadrag
Runen Wege
Vom Raunen der Runen bis zur Alltags-Magie

132 Seiten, Format 14,8 x 21 cm,
ISBN 3-902193-01-8